U0162299

Appreciation of Hand Drawings of Ancient Buildings by Liang Sicheng

梁思成
古建筑手绘赏析

梁思成 著

天津出版传媒集团
天津人民出版社

图书在版编目（CIP）数据

梁思成古建筑手绘赏析 / 梁思成著. -- 天津 : 天津人民出版社, 2023.1

ISBN 978-7-201-19096-9

Ⅰ. ①梁… Ⅱ. ①梁… Ⅲ. ①古建筑－建筑画－作品集－中国－现代 Ⅳ. ①TU204.132

中国版本图书馆CIP数据核字(2022)第245820号

梁思成古建筑手绘赏析

LIANGSICHENG GUJIANZHU SHOUHUI SHANGXI

梁思成 著

出　　版　天津人民出版社
出 版 人　刘　庆
地　　址　天津市和平区西康路35号康岳大厦
邮政编码　300051
邮购电话　（022）23332469
电子信箱　reader@tjrmcbs.com

责任编辑　玮丽斯
监　　制　黄　利　万　夏
特约编辑　邓　华　丁礼江
营销支持　曹莉丽
装帧设计　紫图装帧

制版印刷　艺堂印刷（天津）有限公司
经　　销　新华书店
开　　本　710毫米×1000毫米　1/16
印　　张　12
字　　数　155千字
版次印次　2023年1月第1版　2023年1月第1次印刷
定　　价　79.90元

编者前言

梁思成说："中国古建筑的保护工作，与在大火之中抢救宝器名画同样有急不容缓的性质。"

1932 年到 1946 年的十多年间，梁思成和中国营造学社的同仁，自发进行抢救式的古建筑考察。怀着抢救之心，他们巴不得测绘得越精细越好，即便古建筑被毁灭，也能根据测绘图原样重建，这就诞生了今天令人叹为观止的"梁思成手绘图"。

令国人最为痛心的是，梁思成团队的测绘数据、手绘图，为避战火，存入天津英资麦加利银行，竟因 1939 年的水患而损失数千。

本书将 60 余幅梁思成手绘图精品集于一书，总体以手绘图类别为图书目次，选取梁先生与手绘图相对应的文章结为一体，涵盖了中国建筑的基本常识以及斗栱、宫殿、塔、佛寺、石窟、陵墓等重要技术和类型建筑的赏析和演变。

欣赏梁思成手绘图，就是欣赏中国最重要经典建筑们的灵魂。

目　录

第四章

宫殿布局 / 049

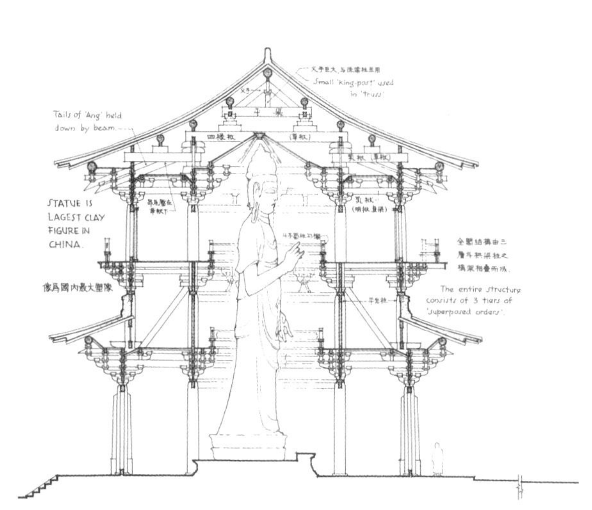

第五章

佛寺 / 063

第九章

陵墓 / 141

第十章

杂类 / 159

第一章

中国建筑之特征

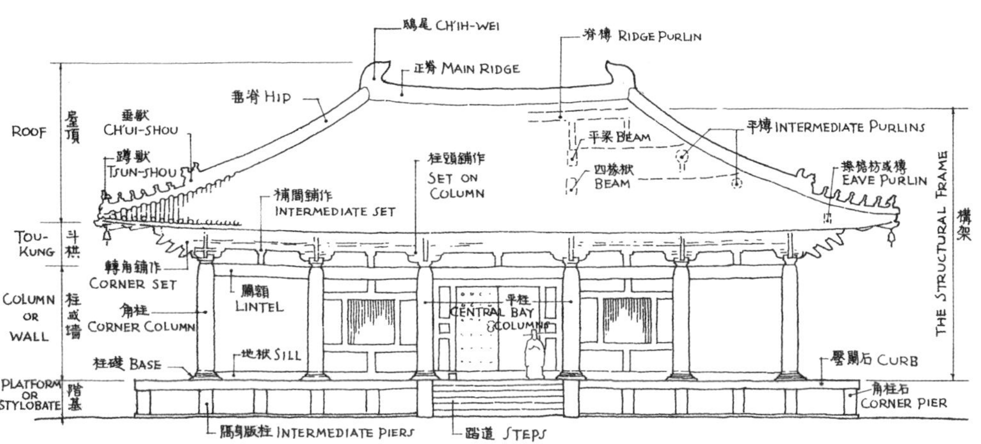

鴟尾 CH'IH-WEI
脊槫 RIDGE PURLIN
正脊 MAIN RIDGE
垂脊 HIP
ROOF 屋頂
垂獸 CH'UI-SHOU
蹲獸 TSUN-SHOU
平梁 BEAM
平槫 INTERMEDIATE PURLINS
四椽栿 BEAM
柱頭鋪作 SET ON COLUMN
補間鋪作 INTERMEDIATE SET
撩檐枋或槫 EAVE PURLIN
TOU-KUNG 斗栱
轉角鋪作 CORNER SET
闌額 LINTEL
COLUMN OR WALL 柱或墻
角柱 CORNER COLUMN
平柱 CENTRAL BAY COLUMNS
THE STRUCTURAL FRAME 構架
柱礎 BASE
地栿 SILL
壓闌石 CURB
PLATFORM OR STYLOBATE 階基
角柱石 CORNER PIER
隔身版柱 INTERMEDIATE PIERS
踏道 STEPS

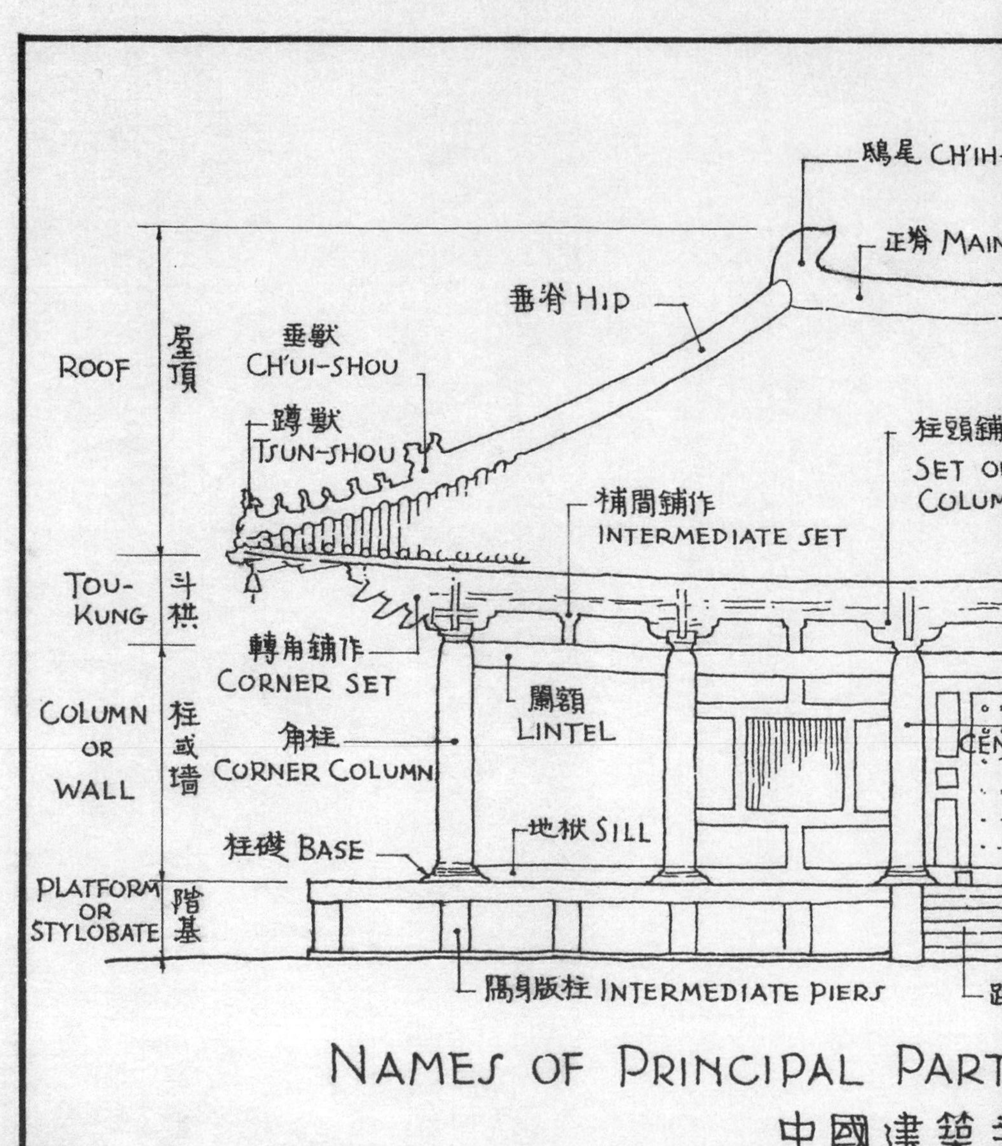

鴟尾 CH'IH-
正脊 MAIN
垂脊 HIP
垂獸
CH'UI-SHOU
蹲獸
TSUN-SHOU
ROOF
屋頂
補間鋪作
INTERMEDIATE SET
柱頭鋪
SET ON
COLUM
TOU-KUNG
斗栱
轉角鋪作
CORNER SET
闌額
LINTEL
COLUMN OR WALL
柱或墻
角柱
CORNER COLUMN
地栿 SILL
柱礎 BASE
PLATFORM OR STYLOBATE
階基
隔身版柱 INTERMEDIATE PIERS
NAMES OF PRINCIPAL PART
中國建築

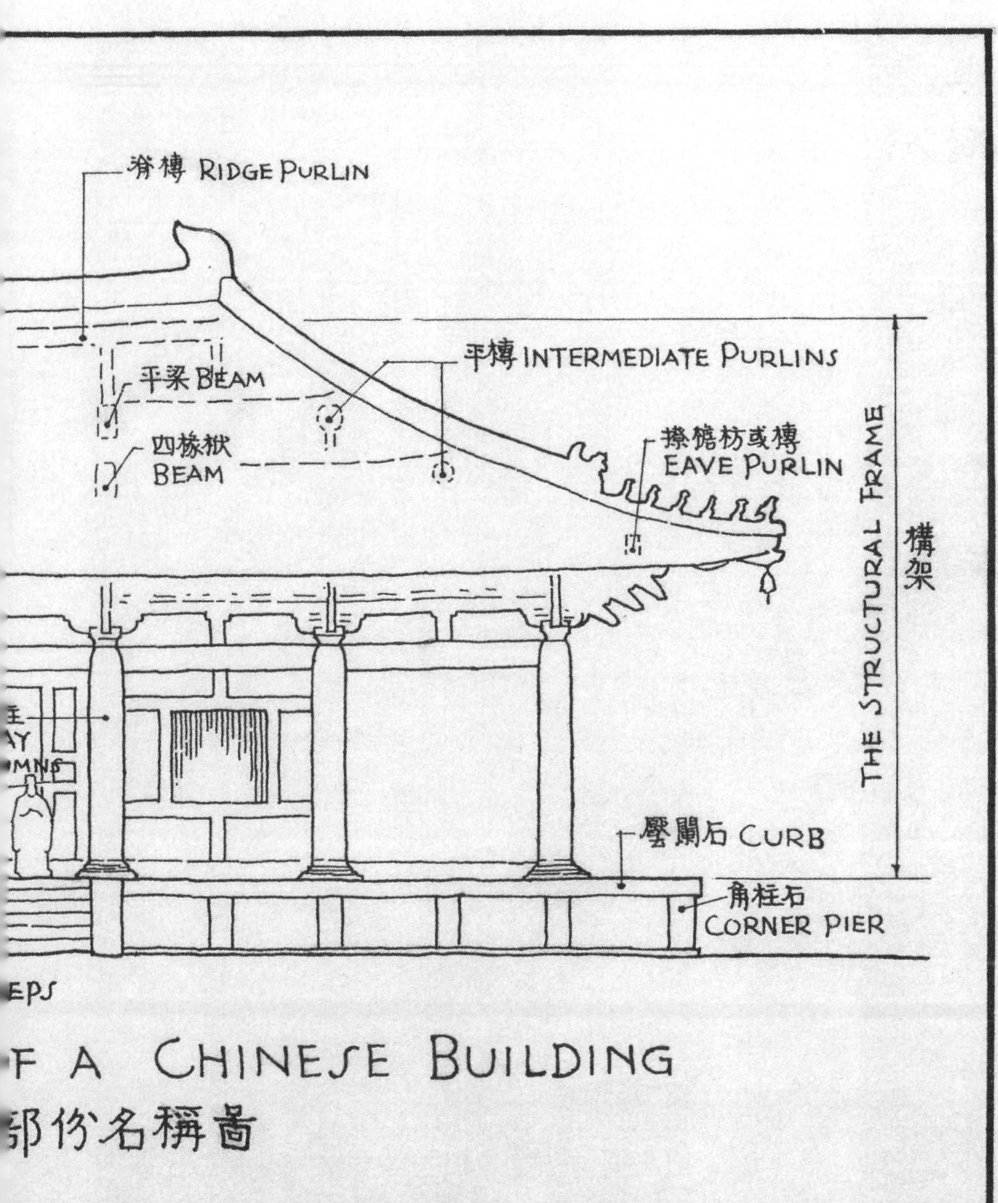
脊槫 RIDGE PURLIN
平梁 BEAM
四椽栿
BEAM
平槫 INTERMEDIATE PURLINS
撩檐枋或槫
EAVE PURLIN
THE STRUCTURAL FRAME
構架
壓闌石 CURB
角柱石
CORNER PIER
EPS
F A CHINESE BUILDING
部份名稱圖

中国建筑主要部分名称图

建筑之始，产生于实际需要，受制于自然物理，非着意创制形式，更无所谓派别。其结构之系统及形式之派别，乃其材料环境所形成。古代原始建筑，如埃及、巴比伦、伊琴、美洲及中国诸系，莫不各自在其环境中产生，先而胚胎，粗具规模，继而长成，转增繁缛。其活动乃赓续的依其时其地之气候、物产材料之供给；随其国其俗、思想制度、政治经济之趋向；更同其时代之艺文、技巧、知识发明之进退，而不自觉。建筑之规模、形体、工程、艺术之嬗递演变，乃其民族特殊文化兴衰潮汐之映影；一国一族之建筑适反鉴其物质精神、继往开来之面貌。今日之治古史者，常赖其建筑之遗迹或记载以测其文化，其故因此。盖建筑活动与民族文化之动向实相牵连，互为因果者也。

中国建筑乃一独立之结构系统，历史悠长，散布区域辽阔。在军事、政治及思想方面，中国虽常与他族接触，但建筑之基本结构及部署之原则，仅有和缓之变迁，顺序之进展，直至最近半世纪，未受其他建筑之影响。数千年来无遽变之迹，掺杂之象，一贯以其独特纯粹之木构系统，随我民族足迹所至，树立文化表志，都会边疆，无论其为一郡之雄，或一村之僻，其大小建置，或为我国人民居处之所托，或为我政治、宗教、国防、经济之所系，上自文化精神之重，下至服饰、车马、工艺、器用之细，无不与之息息相关。中国建筑之个性乃即我民族之性格，即我艺术及思想特殊之一部，非但在其结构本身之材质方法而已。

建筑显著特征之所以形成有两因素：有属于实物结构技术上之取法及发展者；有缘于环境思想之趋向者。对此种种特征，治建筑史者必先事把握，加以理解，始不致淆乱一系建筑自身优劣之准绳，不惑于他时他族建筑与我之异同。治中国建筑史者对此着意，对中国建筑物始能有

此书所有文字节选自《中国建筑史》，梁思成著。——编者注

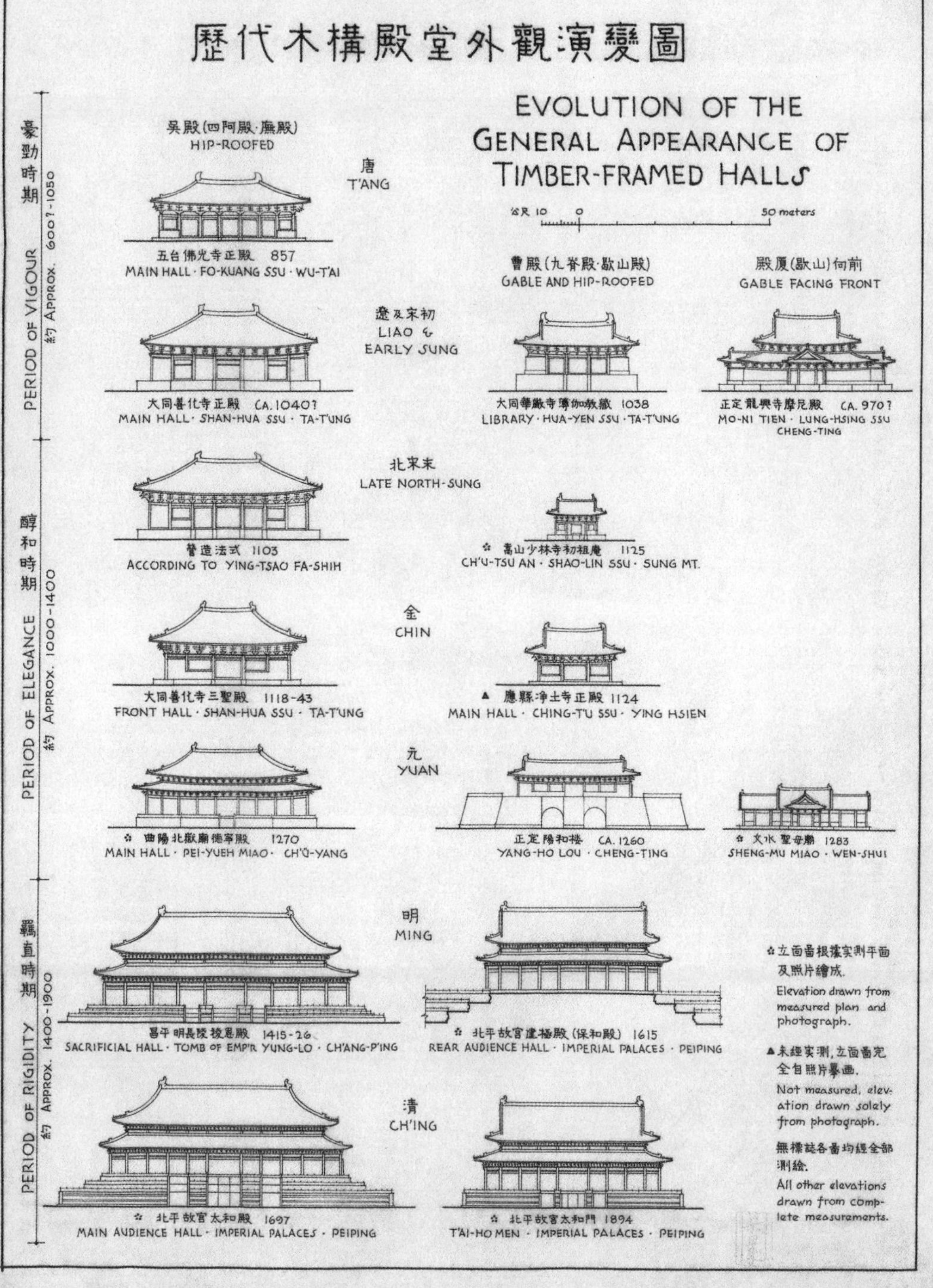
歷代木構殿堂外觀演變圖
EVOLUTION OF THE GENERAL APPEARANCE OF TIMBER-FRAMED HALLS
豪勁時期
PERIOD OF VIGOUR
約 APPROX. 600?-1050
醇和時期
PERIOD OF ELEGANCE
約 APPROX. 1000-1400
羈直時期
PERIOD OF RIGIDITY
約 APPROX. 1400-1900
吳殿(四阿殿·廡殿)
HIP-ROOFED
曹殿(九脊殿·歇山殿)
GABLE AND HIP-ROOFED
殿廈(歇山)向前
GABLE FACING FRONT
公尺 10 0 50 meters
唐
T'ANG
五台佛光寺正殿 857
MAIN HALL · FO-KUANG SSU · WU-T'AI
遼及宋初
LIAO & EARLY SUNG
大同善化寺正殿 CA. 1040?
MAIN HALL · SHAN-HUA SSU · TA-T'UNG
大同華嚴寺薄伽教藏 1038
LIBRARY · HUA-YEN SSU · TA-T'UNG
正定龍興寺摩尼殿 CA. 970?
MO-NI TIEN · LUNG-HSING SSU · CHENG-TING
北宋末
LATE NORTH-SUNG
營造法式 1103
ACCORDING TO YING-TSAO FA-SHIH
☆ 嵩山少林寺初祖庵 1125
CH'U-TSU AN · SHAO-LIN SSU · SUNG MT.
金
CHIN
大同善化寺三聖殿 1118-43
FRONT HALL · SHAN-HUA SSU · TA-T'UNG
▲ 應縣淨土寺正殿 1124
MAIN HALL · CHING-T'U SSU · YING HSIEN
元
YUAN
☆ 曲陽北嶽廟德寧殿 1270
MAIN HALL · PEI-YUEH MIAO · CH'Ü-YANG
正定陽和樓 CA. 1260
YANG-HO LOU · CHENG-TING
☆ 文水聖母廟 1283
SHENG-MU MIAO · WEN-SHUI
明
MING
昌平明長陵祾恩殿 1415-26
SACRIFICIAL HALL · TOMB OF EMP'R YUNG-LO · CH'ANG-P'ING
☆ 北平故宮建極殿(保和殿) 1615
REAR AUDIENCE HALL · IMPERIAL PALACES · PEIPING
清
CH'ING
☆ 北平故宮太和殿 1697
MAIN AUDIENCE HALL · IMPERIAL PALACES · PEIPING
☆ 北平故宮太和門 1894
T'AI-HO MEN · IMPERIAL PALACES · PEIPING
☆立面圖根據實測平面及照片繪成.
Elevation drawn from measured plan and photograph.
▲未經實測,立面圖完全自照片摹畫.
Not measured, elevation drawn solely from photograph.
無標誌各圖均經全部測繪.
All other elevations drawn from complete measurements.

历代木构殿堂外观演变图

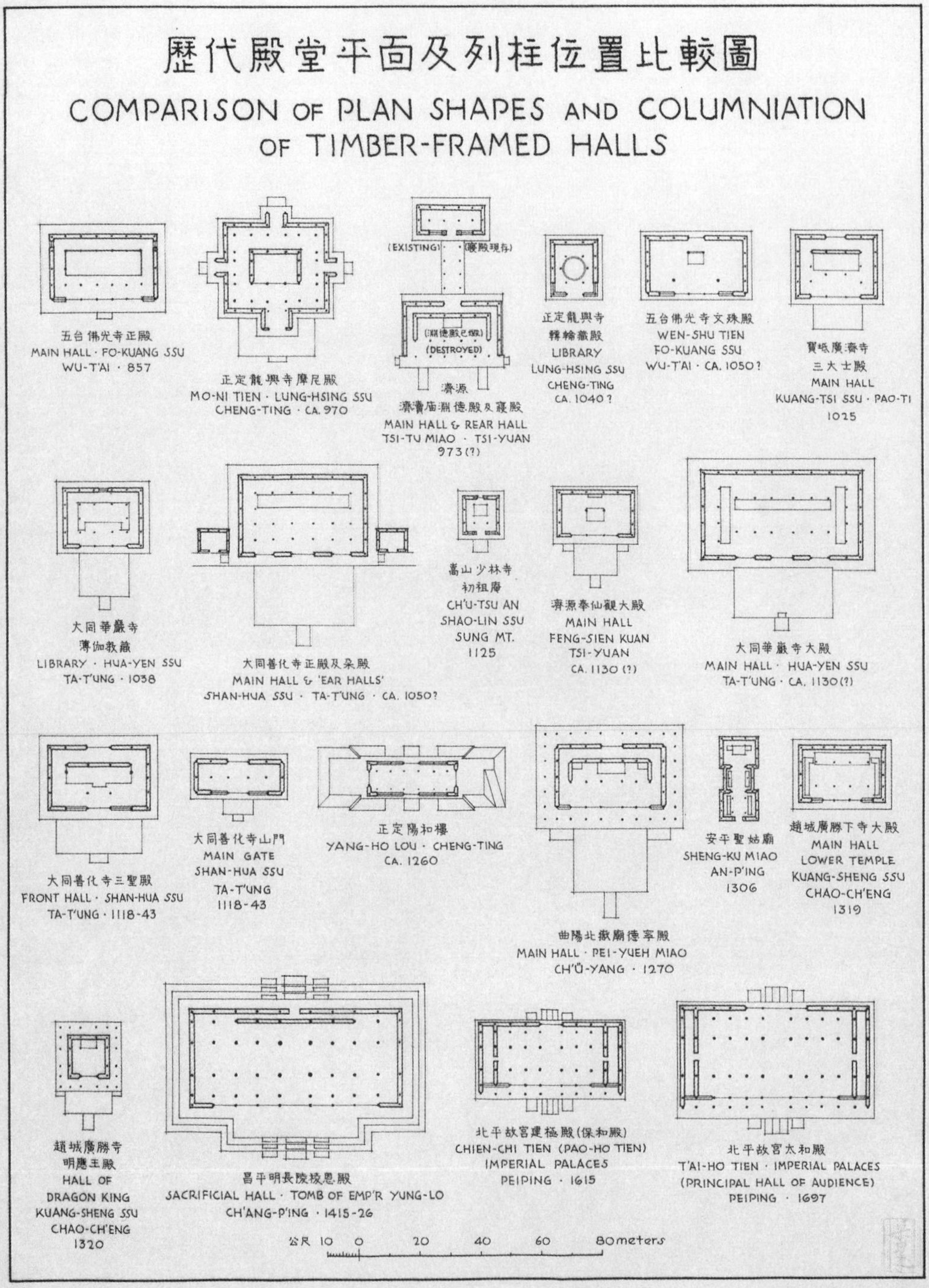

歷代殿堂平面及列柱位置比較圖

COMPARISON OF PLAN SHAPES AND COLUMNIATION OF TIMBER-FRAMED HALLS

五台佛光寺正殿
MAIN HALL · FO-KUANG SSU
WU-T'AI · 857

正定龍興寺摩尼殿
MO-NI TIEN · LUNG-HSING SSU
CHENG-TING · CA. 970

(EXISTING) (寢殿現存)
(淵德殿已毁)
(DESTROYED)
濟源
濟瀆廟淵德殿及寢殿
MAIN HALL & REAR HALL
TSI-TU MIAO · TSI-YUAN
973 (?)

正定龍興寺
轉輪藏殿
LIBRARY
LUNG-HSING SSU
CHENG-TING
CA. 1040 ?

五台佛光寺文殊殿
WEN-SHU TIEN
FO-KUANG SSU
WU-T'AI · CA. 1050 ?

寶坻廣濟寺
三大士殿
MAIN HALL
KUANG-TSI SSU · PAO-TI
1025

大同華嚴寺
薄伽教藏
LIBRARY · HUA-YEN SSU
TA-T'UNG · 1038

大同善化寺正殿及朵殿
MAIN HALL & 'EAR HALLS'
SHAN-HUA SSU · TA-T'UNG · CA. 1050 ?

嵩山少林寺
初祖庵
CH'U-TSU AN
SHAO-LIN SSU
SUNG MT.
1125

濟源奉仙觀大殿
MAIN HALL
FENG-SIEN KUAN
TSI-YUAN
CA. 1130 (?)

大同華嚴寺大殿
MAIN HALL · HUA-YEN SSU
TA-T'UNG · CA. 1130 (?)

大同善化寺三聖殿
FRONT HALL · SHAN-HUA SSU
TA-T'UNG · 1118-43

大同善化寺山門
MAIN GATE
SHAN-HUA SSU
TA-T'UNG
1118-43

正定陽和樓
YANG-HO LOU · CHENG-TING
CA. 1260

曲陽北嶽廟德寧殿
MAIN HALL · PEI-YUEH MIAO
CH'Ü-YANG · 1270

安平聖姑廟
SHENG-KU MIAO
AN-P'ING
1306

趙城廣勝下寺大殿
MAIN HALL
LOWER TEMPLE
KUANG-SHENG SSU
CHAO-CH'ENG
1319

趙城廣勝寺
明應王殿
HALL OF
DRAGON KING
KUANG-SHENG SSU
CHAO-CH'ENG
1320

昌平明長陵祾恩殿
SACRIFICIAL HALL · TOMB OF EMP'R YUNG-LO
CH'ANG-P'ING · 1415-26

北平故宮建極殿(保和殿)
CHIEN-CHI TIEN (PAO-HO TIEN)
IMPERIAL PALACES
PEIPING · 1615

北平故宮太和殿
T'AI-HO TIEN · IMPERIAL PALACES
(PRINCIPAL HALL OF AUDIENCE)
PEIPING · 1697

公尺 10 0 20 40 60 80 meters

历代殿堂平面及列柱位置比较图

正确之观点，不作偏激之毁誉。

今略举中国建筑之主要特征。

一、属于结构取法及发展方面之特征，有以下可注意者四点：

（一）以木料为主要构材　凡一座建筑物皆因其材料而产生其结构法，更因此结构而产生其形式上之特征。世界他系建筑，多渐采用石料以替代其原始之木构，故仅于石面浮雕木质构材之形，以为装饰，其主要造法则依石料垒砌之法，产生其形制。中国始终保持木材为主要建筑材料，故其形式为木造结构之直接表现。其在结构方面之努力，则尽木材应用之能事，以臻实际之需要，而同时完成其本身完美之形体。匠师既重视传统经验，又忠于材料之应用，故中国木构因历代之演变，乃形成遵古之艺术。唐宋少数遗物在结构上造诣之精，实积千余年之工程经验，所产生之最高美术风格也。

（二）历用构架制之结构原则　既以木材为主，此结构原则乃为“梁柱式建筑”之“构架制”。以立柱四根，上施梁枋，牵制成为一“间”（前后横木为枋，左右为梁）。梁可数层重叠称“梁架”。每层缩短如梯级，逐级增高称“举折”，左右两梁端，每级上承长槫，直至最上为脊槫，故可有五槫、七槫至十一槫不等，视梁架之层数而定。每两槫之间，密布栉篦并列之椽，构成斜坡屋顶之骨干；上加望板，始覆以瓦葺。四柱间之位置称“间”。通常一座建筑物均由若干“间”组成。此种构架制之特点，在使建筑物上部之一切荷载均由构架负担；承重者为其立柱与其梁枋，不藉力于高墙厚壁之垒砌。建筑物中所有墙壁，无论其为砖石或为木板，均为“隔断墙”（Curtain Wall），非负重之部分。是故门窗之分配毫不受墙壁之限制，而墙壁之设施，亦仅视分隔之需要。欧洲建筑中，唯现代之钢架及钢筋混凝土之构架在原则上与此木质之构架建筑相同。所异者材料及科学程度之不同耳。中国建筑之所以能自热带以至寒带，由沙漠以至两河流域及滨海之地，在极不同之自然环境下始终适用，实有赖于此构架制之绝大伸缩性也。

（三）以斗栱为结构之关键，并为度量单位 在木构架之横梁及立柱间过渡处，施横材方木相互垒叠，前后伸出作“斗栱”，与屋顶结构有密切关系。其功用在以伸出之栱承受上部结构之荷载，转纳于下部之立柱上，故为大建筑物所必用。后世斗栱之制日趋标准化，全部建筑物之权衡比例遂以横栱之“材”为度量单位，犹罗马建筑之柱式（Order）以柱径为度量单位，治建筑学者必习焉。一系统之建筑自有其一定之法式，如语言之有文法与辞汇，中国建筑则以柱额、斗栱、梁、槫、瓦、檐为其“辞汇”，施用柱额、斗、栱、梁、槫等之法式为其“文法”。虽砖石之建筑物，如汉阙、佛塔等，率多叠砌雕凿，仿木架斗栱形制。斗栱之组织与比例大小，历代不同，每可藉其结构演变之序，以鉴定建筑物之年代，故对于斗栱之认识，实为研究中国建筑者所必具之基础知识。

（四）外部轮廓之特异 外部特征明显，迥异于他系建筑，乃造成其自身风格之特素。中国建筑之外轮廓予人以优美之印象，且富于吸引力。今分别言之如下：

1. 翼展之屋顶部分 屋顶为实际必需之一部，其在中国建筑中，至迟自殷代始，已极受注意，历代匠师不惮烦难，集中构造之努力于此。依梁架层叠及“举折”之法，以及角梁、翼角、椽及飞椽、脊吻等之应用，遂形成屋顶坡面、脊端及檐边，转角各种曲线，柔和壮丽，为中国建筑物之冠冕，而被视为神秘风格之特征，其功用且收“上尊而宇卑，则吐水疾而霤远”之实效。而其最可注意者，尤在屋顶结构之合理与自然。其所形成之曲线，乃其结构工程之当然结果，非勉强造作而

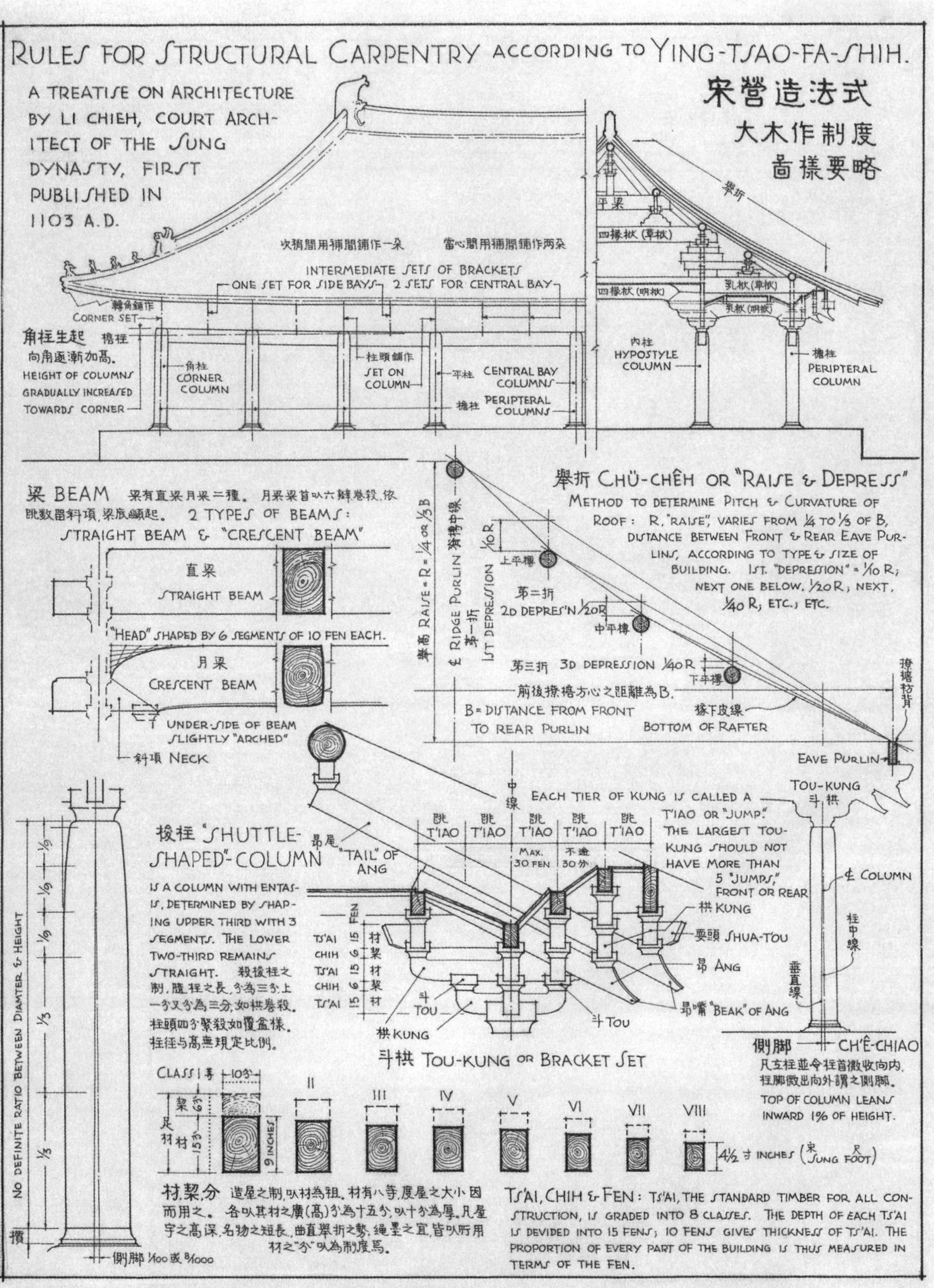

宋营造法式大木作制度图样要略

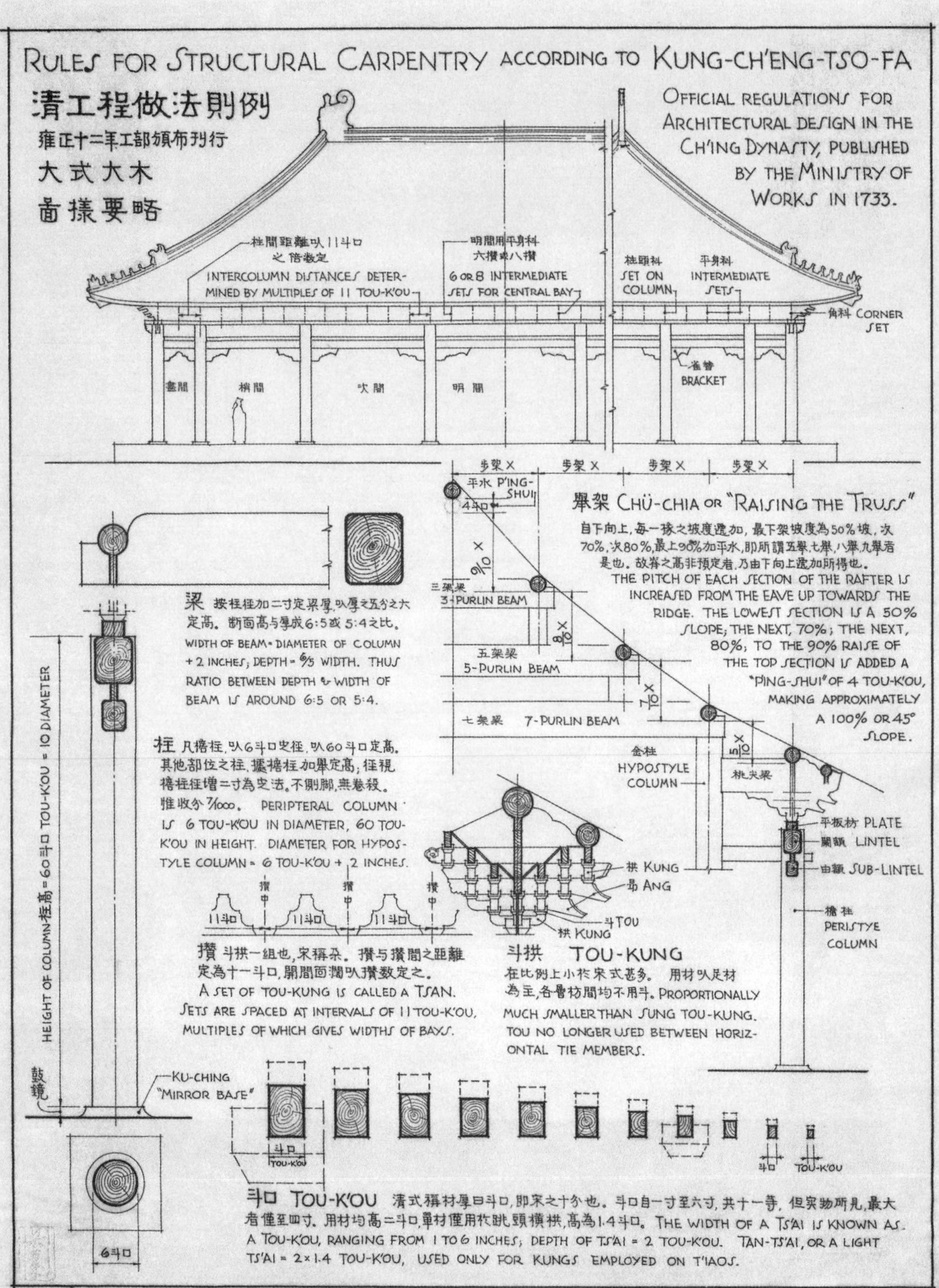

RULES FOR STRUCTURAL CARPENTRY ACCORDING TO KUNG-CH'ENG-TSO-FA
清工程做法則例
雍正十二年工部頒布刊行
大式大木
畫樣要略
OFFICIAL REGULATIONS FOR ARCHITECTURAL DESIGN IN THE CH'ING DYNASTY, PUBLISHED BY THE MINISTRY OF WORKS IN 1733.
柱間距離以11斗口之倍數定
INTERCOLUMN DISTANCES DETERMINED BY MULTIPLES OF 11 TOU-K'OU
明間用平身科六攢或八攢
6 OR 8 INTERMEDIATE SETS FOR CENTRAL BAY
柱頭科 SET ON COLUMN
平身科 INTERMEDIATE SETS
角科 CORNER SET
雀替 BRACKET
盡間
梢間
次間
明間
步架X
平水 P'ING-SHUI
舉架 CHÜ-CHIA OR "RAISING THE TRUSS"
自下向上,每一椽之坡度遞加,最下架坡度為50%坡,次70%,次80%,最上90%加平水,即所謂五舉,七舉,八舉,九舉者是也。故脊之高非預定者,乃由下向上遞加所得也。
THE PITCH OF EACH SECTION OF THE RAFTER IS INCREASED FROM THE EAVE UP TOWARDS THE RIDGE. THE LOWEST SECTION IS A 50% SLOPE; THE NEXT, 70%; THE NEXT, 80%; TO THE 90% RAISE OF THE TOP SECTION IS ADDED A "P'ING-SHUI" OF 4 TOU-K'OU, MAKING APPROXIMATELY A 100% OR 45° SLOPE.
三架梁 3-PURLIN BEAM
五架梁 5-PURLIN BEAM
七架梁 7-PURLIN BEAM
金柱 HYPOSTYLE COLUMN
桃尖梁
平板枋 PLATE
闌額 LINTEL
由額 SUB-LINTEL
檐柱 PERISTYLE COLUMN
梁 按柱徑加二寸定梁厚,以厚之五分之六定高。斷面高與厚成6:5或5:4之比。
WIDTH OF BEAM = DIAMETER OF COLUMN + 2 INCHES; DEPTH = 6/5 WIDTH. THUS RATIO BETWEEN DEPTH & WIDTH OF BEAM IS AROUND 6:5 OR 5:4.
柱 凡檐柱,以6斗口定徑,以60斗口定高。其他部位之柱,據檐柱加舉定高;徑視檐柱徑增二寸為定法。不側腳,無卷殺。惟收分7/1000。
PERIPTERAL COLUMN IS 6 TOU-K'OU IN DIAMETER, 60 TOU-K'OU IN HEIGHT. DIAMETER FOR HYPOSTYLE COLUMN = 6 TOU-K'OU + 2 INCHES.
HEIGHT OF COLUMN 柱高 = 60斗口 TOU-K'OU = 10 DIAMETER
攢中
11斗口
攢 斗拱一組也,宋稱朵。攢與攢間之距離定為十一斗口,開間面闊以攢數定之。
A SET OF TOU-KUNG IS CALLED A TSAN. SETS ARE SPACED AT INTERVALS OF 11 TOU-K'OU, MULTIPLES OF WHICH GIVES WIDTHS OF BAYS.
拱 KUNG
昂 ANG
斗 TOU
拱 KUNG
斗拱 TOU-KUNG
在比例上小於宋式甚多。用材以足材為主,各層枋間均不用斗。PROPORTIONALLY MUCH SMALLER THAN SUNG TOU-KUNG. TOU NO LONGER USED BETWEEN HORIZONTAL TIE MEMBERS.
鼓鏡 KU-CHING "MIRROR BASE"
6斗口
斗口 TOU-K'OU
斗口 TOU-K'OU 清式稱材厚曰斗口,即宋之十分也。斗口自一寸至六寸,共十一等,但實物所見,最大者僅至四寸。用材均高二斗口,單材僅用於跳頭橫拱,高為1.4斗口。THE WIDTH OF A TS'AI IS KNOWN AS A TOU-K'OU, RANGING FROM 1 TO 6 INCHES; DEPTH OF TS'AI = 2 TOU-K'OU. TAN-TS'AI, OR A LIGHT TS'AI = 2×1.4 TOU-K'OU, USED ONLY FOR KUNGS EMPLOYED ON T'IAOS.

清工程做法则例大式大木图样要略

成也。

2. 崇厚阶基之衬托　中国建筑特征之一为阶基之重要；与崇峻屋瓦互为呼应。周、秦、西汉时尤甚。高台之风与游猎骑射并盛，其后日渐衰弛，至近世台基、阶陛遂渐趋扁平，仅成文弱之衬托，非若当年之台榭，居高临下，作雄视山河之势。但宋、辽以后之“台随檐出”及“须弥座”等仍为建筑外形显著之轮廓。

3. 前面玲珑木质之屋身　屋顶与台基间乃立面主要之中部，无论中国建筑物之外表若何魁伟，此段正面之表现仍为并立之木质楹柱与玲珑之窗户相间而成，鲜用墙壁。左右两面如为山墙，则又少有开窗辟门者。厚墙开辟窗洞之法，除箭楼、仓廒等特殊建筑外，不常见于殿堂，与垒石之建筑状貌大异。

4. 院落之组织　凡主要殿堂必有其附属建筑物，联络周绕，如配厢、夹室、廊庑、周屋、山门、前殿、围墙、角楼之属，成为庭院之组织，始完成中国建筑物之全貌。除佛塔以外，单座之建筑物鲜有呈露其四周全部轮廓，使人得以远望其形状者。单座殿屋立面之印象，乃在短距离之庭院中呈现其此与欧洲建筑所予人印象，独立于空旷之周围中者大异。中国建筑物之完整印象，必须并与其院落合观之。国画中之宫殿楼阁，常为登高俯视鸟瞰之图。其故殆亦为此耶。

5. 彩色之施用　彩色之施用于内外构材之表面，为中国建筑传统之法。虽远在春秋之世，藻饰彩画已甚发达，其有逾矩者，诸侯、大夫且引以为戒，唐、宋以来，样式等级已有规定。至于明、清之梁栋彩绘，鲜焕者尚夥。其装饰之原则有严格之规定，分划结构，保留素面，以冷色青绿与纯丹作反衬之用，其结果为异常成功之艺术，非滥用彩色，徒作无度之涂饰者可比也。在建筑之外部，彩画装饰之处，均约束于檐影下之斗栱、横额及柱头部分，犹欧洲石造建筑之雕刻部分约束于墙额（Frieze）及柱顶（Capital），而保留素面于其他主要墙壁及柱身上然。盖木构之髹漆为实际必需，木材表面之纯丹纯黑犹石料之本色；与之相衬之青绿点金、彩绘花纹，则犹石构之雕饰部分。而屋顶之琉璃瓦，亦依保留素面之原则，庄严殿宇，均限于纯色之用。故中国建筑物虽名为多色，其大体重在有节制之点缀，气象庄严，雍容华贵，故虽有较繁缛者，亦可免淆杂俚俗之弊焉。

6. 绝对均称与绝对自由之两种平面布局　以多座建筑合组而成之宫殿、官署、庙宇乃至于住宅，通常取左右均齐之绝对整齐对称之布局。庭院四周绕以建筑物。庭院数目无定。其所最注重者，乃主要中线之成立。一切组织均根据中线以发展，其部署秩序均为左右分立，适于礼仪（Formal）之庄严场合；公者如朝会大典，私者如婚丧喜庆之属。反之如优游闲处之庭园建筑，则常一反对称之隆重，出之以自由随意之变化。部署取高低曲折之趣，间以池沼、花木，接近自然，而入诗画之境。此两种传统之平面部署，在不觉中含蕴中国精神生活之各面，至为深刻。

7. 用石方法之失败　中国建筑数千年来，始终以木为主要构材，砖、石常居辅材之位，故重要工程以石营建者较少。究其原因有二：

（1）匠人对于石质力学缺乏了解。盖石性强于压力，而张力、曲力、弹力至弱，与木性相反，我国古来虽不乏善于用石之哲匠，如隋安济桥之建造者李春，然而通常石匠用石之法，如各地石牌坊、石勾栏等所见，大多凿石为卯榫，使其构合如木，而不知利用其压力而垒砌之，故此类石建筑之崩坏者最多。

（2）垫灰之恶劣。中国石匠既未能尽量利用石性之强点而避免其弱点，故对于垫灰问题，数千年来尚无设法予以解决之努力。垫灰材料多以石灰为主，然其使用，仅取其黏凝性，以为木作用胶之替代，而不知

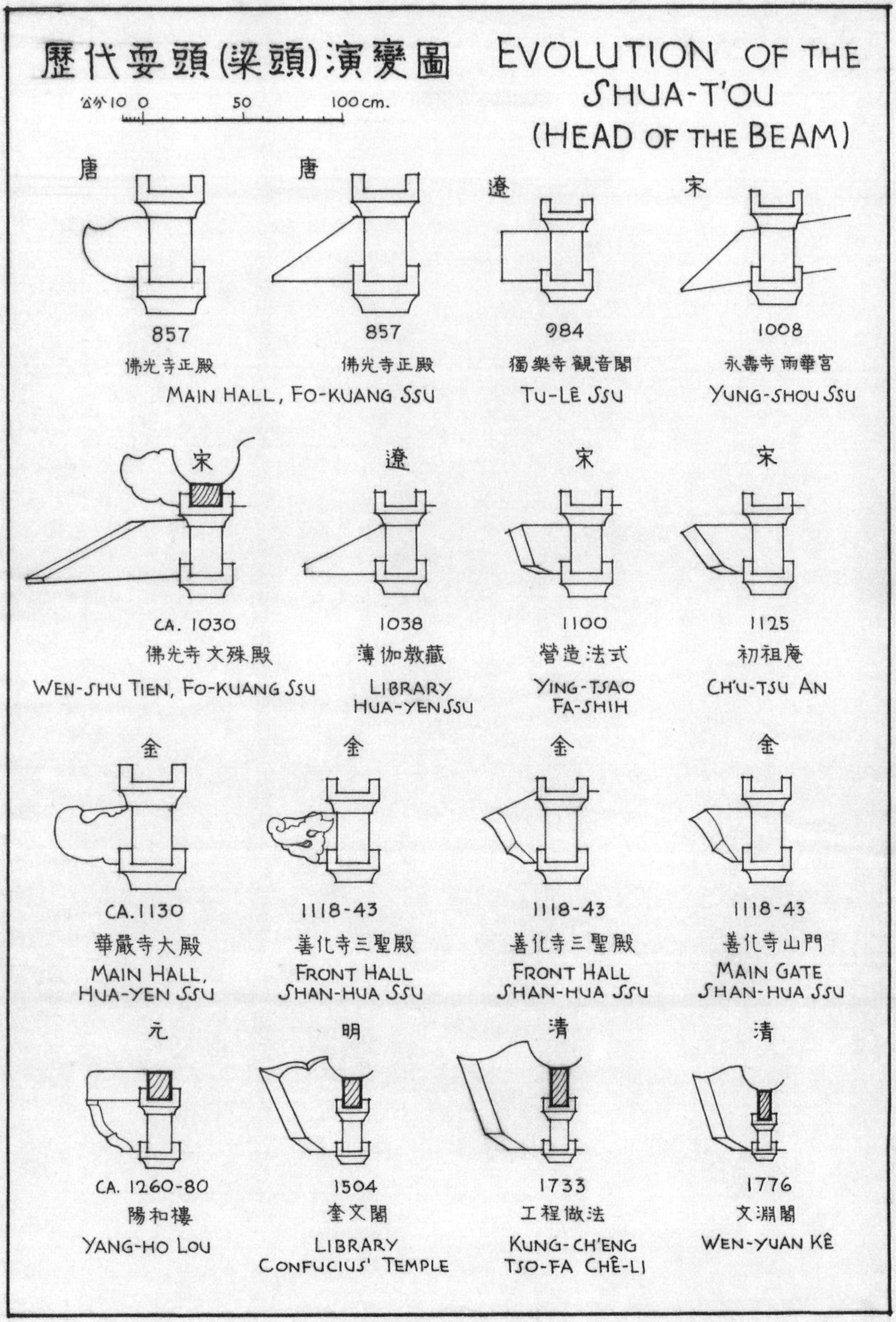

歷代耍頭(梁頭)演變圖 EVOLUTION OF THE SHUA-T'OU (HEAD OF THE BEAM)

历代耍头（梁头）演变图

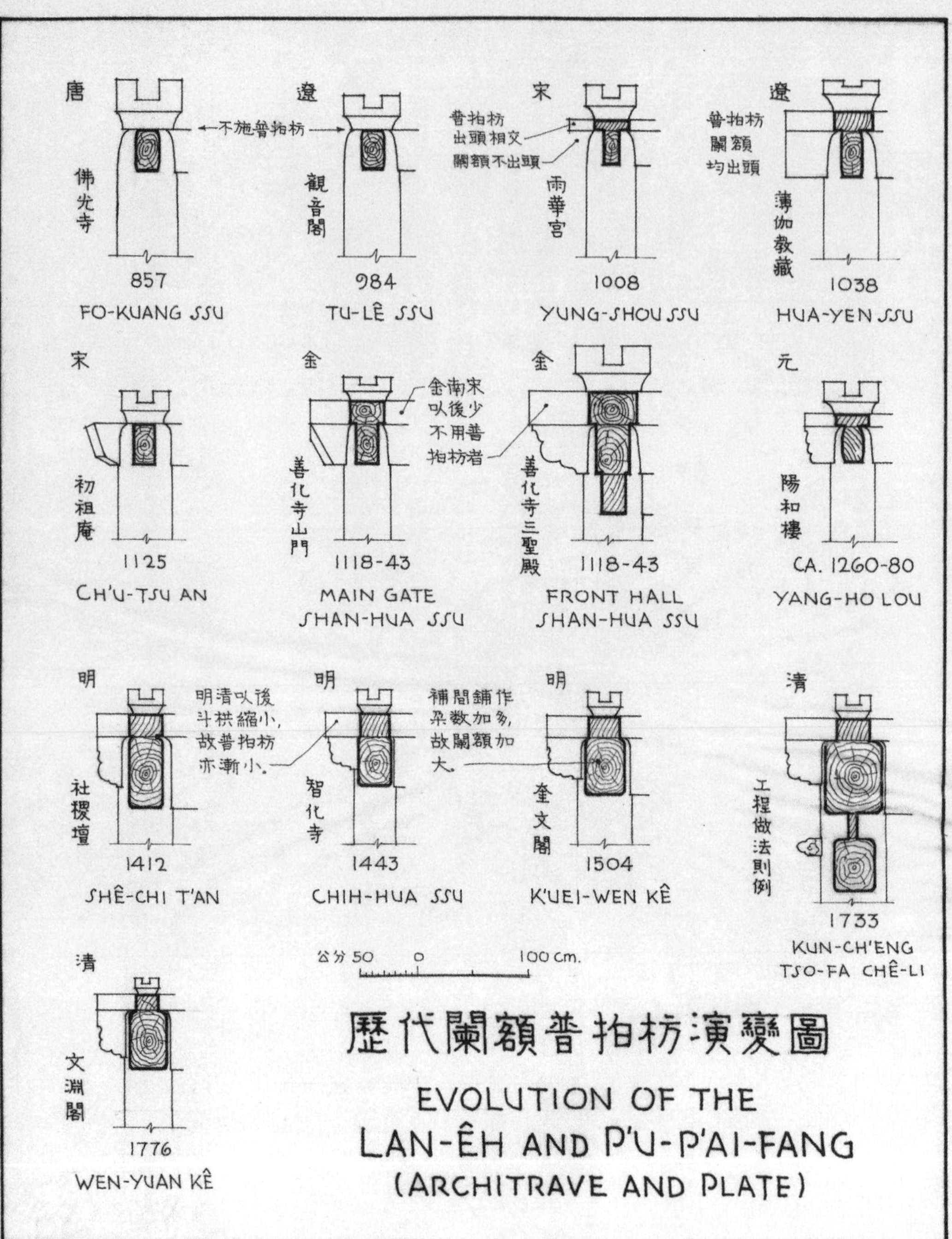
唐
不施普拍枋
佛光寺
857
FO-KUANG SSU
遼
觀音閣
984
TU-LÊ SSU
宋
普拍枋出頭相交
闌額不出頭
雨華宮
1008
YUNG-SHOU SSU
遼
普拍枋闌額均出頭
薄伽教藏
1038
HUA-YEN SSU
宋
初祖庵
1125
CH'U-TSU AN
金
金南宋以後少不用普拍枋者
善化寺山門
1118-43
MAIN GATE
SHAN-HUA SSU
金
善化寺三聖殿
1118-43
FRONT HALL
SHAN-HUA SSU
元
陽和樓
CA. 1260-80
YANG-HO LOU
明
明清以後斗栱縮小，故普拍枋亦漸小。
社稷壇
1412
SHÊ-CHI T'AN
明
智化寺
1443
CHIH-HUA SSU
明
補間鋪作朵数加多，故闌額加大。
奎文閣
1504
K'UEI-WEN KÊ
清
工程做法則例
1733
KUN-CH'ENG
TSO-FA CHÊ-LI
清
文淵閣
1776
WEN-YUAN KÊ
公分 50 0 100 cm.
歷代闌額普拍枋演變圖
EVOLUTION OF THE
LAN-ÊH AND P'U-P'AI-FANG
(ARCHITRAVE AND PLATE)

历代阑额普拍枋演变图

垫灰之主要功用，乃在于两石缝间垫以富于黏性而坚固耐压之垫物，使两石面完全接触以避免因支点不匀而发生之破裂。故通常以结晶粗沙砾与石灰混合之原则，在我国则始终未能发明应用。古希腊、罗马对于此方面均早已认识，希腊匠师竟有不惜工力，将石之每面磨成绝对平面，使之全面接触，以避免支点不匀之弊者，罗马工师则大刀阔斧，以大量富于黏性而坚固之垫灰垫托，且更进而用为混凝土，以供应其大量之建筑事业，是故有其特有之建筑形制之产生。反之，我国建筑之注重木材，不谙石性，亦互为因果而产生现有现象者也。

二、属于环境思想方面，与其他建筑之历史背景迥然不同者，至少有以下可注意者四：

（一）不求原物长存之观念　此建筑系统之寿命，虽已可追溯至四千年以上，而地面所遗实物，其最古者，虽待考之先秦土垣残基之类，已属凤毛麟角，次者如汉、唐石阙、砖塔，不止年代较近，且亦非可以居止之殿堂。古者中原为产木之区，中国结构既以木材为主，宫室之寿命固乃限于木质结构之未能耐久，但更深究其故，实缘于不着意于原物长存之观念。盖中国自始即未有如古埃及刻意求永久不灭之工程，欲以人工与自然物体竟久存之实，且既安于新陈代谢之理，以自然生灭为定律；视建筑且如被服舆马，时得而更换之，未尝患原物之久暂，无使其永不残破之野心。如失慎焚毁亦视为灾异天谴，非材料工程之过。此种见解习惯之深，乃有以下之结果：

1. 满足于木材之沿用，达数千年；顺序发展木造精到之方法，而不深究砖石之代替及应用。

2. 修葺原物之风，远不及重建之盛；历代增修拆建，素不重原物之保存，唯珍其旧址及其创建年代而已。唯坟墓工程，则古来确甚着意于巩固永保之观念，然隐于地底之砖券室，与立于地面之木构殿堂，其原则互异，墓室间或以砖石模仿地面结构之若干部分，地面之殿堂结构，则除少数之例外，并未因砖券应用于墓室之经验，致改变中国建筑木构主体改用砖石叠砌之制也。

（二）建筑活动受道德观念之制裁　古代统治阶级崇尚俭德，而其建置，皆征发民役经营，故以建筑为劳民害农之事，坛社宗庙、城阙朝市，虽尊为宗法、仪礼、制度之依归，而宫馆、台榭、第宅、园林，则亦为君王骄奢、臣民侈僭之征兆。古史记载或不美其事，或不详其实，恒因其奢侈逾制始略举以警后世，示其“非礼”，其记述非为叙述建筑形状方法而作也。此种尚俭德，诎巧丽营建之风，加以阶级等第严格之规定，遂使建筑活动以节约单纯为是。崇伟新巧之作，既受限制，匠作之活跃进展，乃受若干影响。古代建筑记载之简缺亦有此特殊原因；史书各志，有舆服、食货等，建筑仅附载而已。

（三）着重部署之规制　古之政治尚典章制度，至儒教兴盛，尤重礼仪。故先秦、两汉传记所载建筑，率重其名称方位、部署规制，鲜涉殿堂之结构。嗣后建筑之见于史籍者，多见于五行志及礼仪志中。记宫苑、寺观亦皆详其平面部署制度，而略其立面形状及结构。均足以证明政治、宗法、风俗、礼仪、佛道等中国思想精神之寄托于建筑平面之分布上者，固尤深于其他单位构成之因素也。结构所产生立体形貌之感人处，则多见于文章诗赋之赞颂中。中国诗画之意境，与建筑艺术显有密切之关系，但此艺术之旨趣，固未尝如规制部署等第等之为史家所重也。

（四）建筑之术，师徒传授，不重书籍　建筑在我国素称匠学，非士大夫之事，盖建筑之术，已臻繁复，非受实际训练、毕生役其事者，无能为力，非若其他文艺，为士人子弟茶余酒后所得而兼也。然匠人每闇于文字，故赖口授实习，传其衣钵，而不重书籍。数千年来古籍中，传世术书，唯宋、清两朝官刊各一部耳。此类术书编纂之动机，盖因各家匠法不免分歧，功限料例，漫无准则，故制为皇室、官府营造标准。然术书专偏，士人不解，匠人又困于文字之难，术语日久失用，造法亦渐不解，其书乃为后世之谜。对于营造之学作艺术或历史之全盘记述，如画学之《历代名画记》或《宣和画谱》之作，则未有也。至如欧西，文艺复兴后之重视建筑工程及艺术，视为地方时代文化之表现而加以研究者，尚属近二三十年来之崭新观点，最初有赖于西方学者先开考察研究之风，继而社会对建筑之态度渐改，愈增其了解焉。

第二章

斗栱及其演变

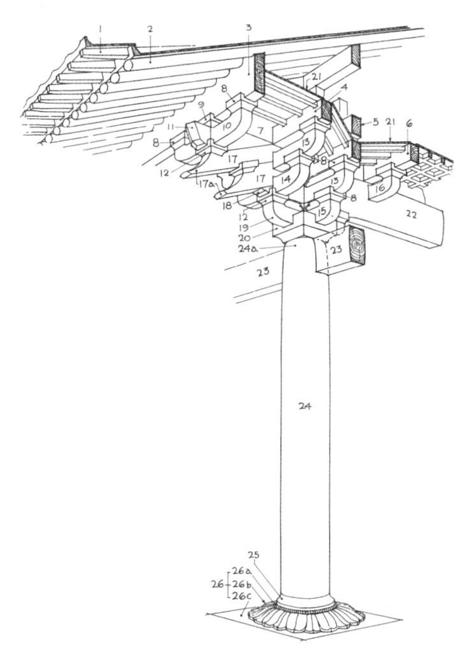
1
2
3
21
4
5
21
6
8
9
10
11
8
7
13
8
12
17
17a
17
14
13
8
16
22
18
12
15
19
20
24a
23
23
24
25
26a
26
26b
26c

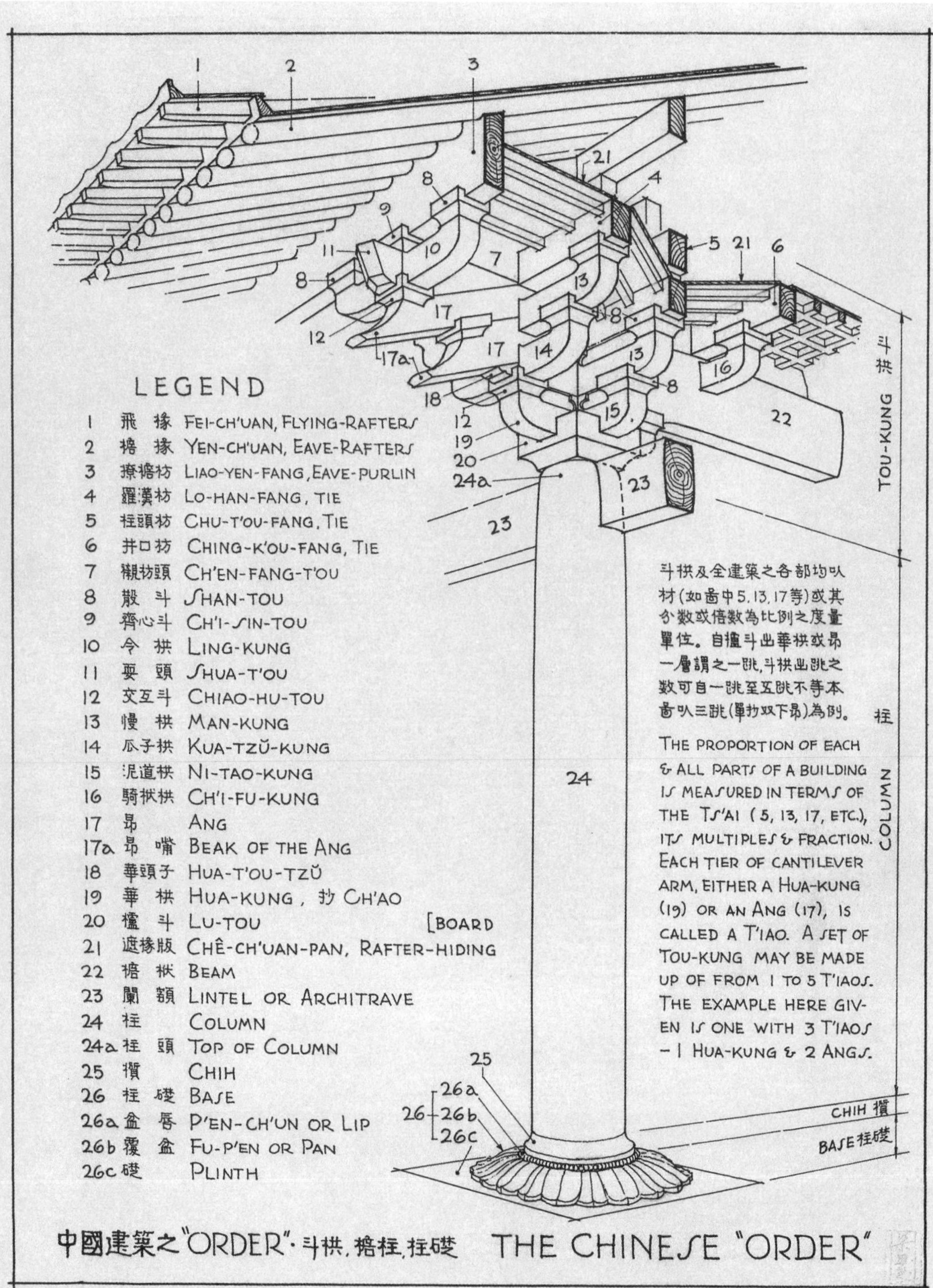
LEGEND
1 飛 椽 FEI-CH'UAN, FLYING-RAFTERS
2 檐 椽 YEN-CH'UAN, EAVE-RAFTERS
3 撩檐枋 LIAO-YEN-FANG, EAVE-PURLIN
4 羅漢枋 LO-HAN-FANG, TIE
5 柱頭枋 CHU-T'OU-FANG, TIE
6 井口枋 CHING-K'OU-FANG, TIE
7 襯枋頭 CH'EN-FANG-T'OU
8 散 斗 SHAN-TOU
9 齊心斗 CH'I-SIN-TOU
10 令 拱 LING-KUNG
11 耍 頭 SHUA-T'OU
12 交互斗 CHIAO-HU-TOU
13 慢 拱 MAN-KUNG
14 瓜子拱 KUA-TZŬ-KUNG
15 泥道拱 NI-TAO-KUNG
16 騎栿拱 CH'I-FU-KUNG
17 昂 ANG
17a 昂 嘴 BEAK OF THE ANG
18 華頭子 HUA-T'OU-TZŬ
19 華 拱 HUA-KUNG, 抄 CH'AO
20 櫨 斗 LU-TOU
21 遮椽版 CHÊ-CH'UAN-PAN, RAFTER-HIDING [BOARD
22 檐 栿 BEAM
23 闌 額 LINTEL OR ARCHITRAVE
24 柱 COLUMN
24a 柱 頭 TOP OF COLUMN
25 櫍 CHIH
26 柱 礎 BASE
26a 盆 唇 P'EN-CH'UN OR LIP
26b 覆 盆 FU-P'EN OR PAN
26c 礎 PLINTH
斗拱及全建築之各部均以材(如圖中5.13.17等)或其分數或倍數為比例之度量單位。自櫨斗出華拱或昂一層謂之一跳，斗拱出跳之數可自一跳至五跳不等本圖以三跳(單抄双下昂)為例。
THE PROPORTION OF EACH & ALL PARTS OF A BUILDING IS MEASURED IN TERMS OF THE TS'AI (5, 13, 17, ETC.), ITS MULTIPLES & FRACTION. EACH TIER OF CANTILEVER ARM, EITHER A HUA-KUNG (19) OR AN ANG (17), IS CALLED A T'IAO. A SET OF TOU-KUNG MAY BE MADE UP OF FROM 1 TO 5 T'IAOS. THE EXAMPLE HERE GIVEN IS ONE WITH 3 T'IAOS - 1 HUA-KUNG & 2 ANGS.
斗拱 TOU-KUNG
柱 COLUMN
CHIH 櫍
BASE 柱礎
中國建築之"ORDER"·斗拱，檐柱，柱礎 THE CHINESE "ORDER"

中国建筑之“ORDER”斗栱、檐柱、柱础

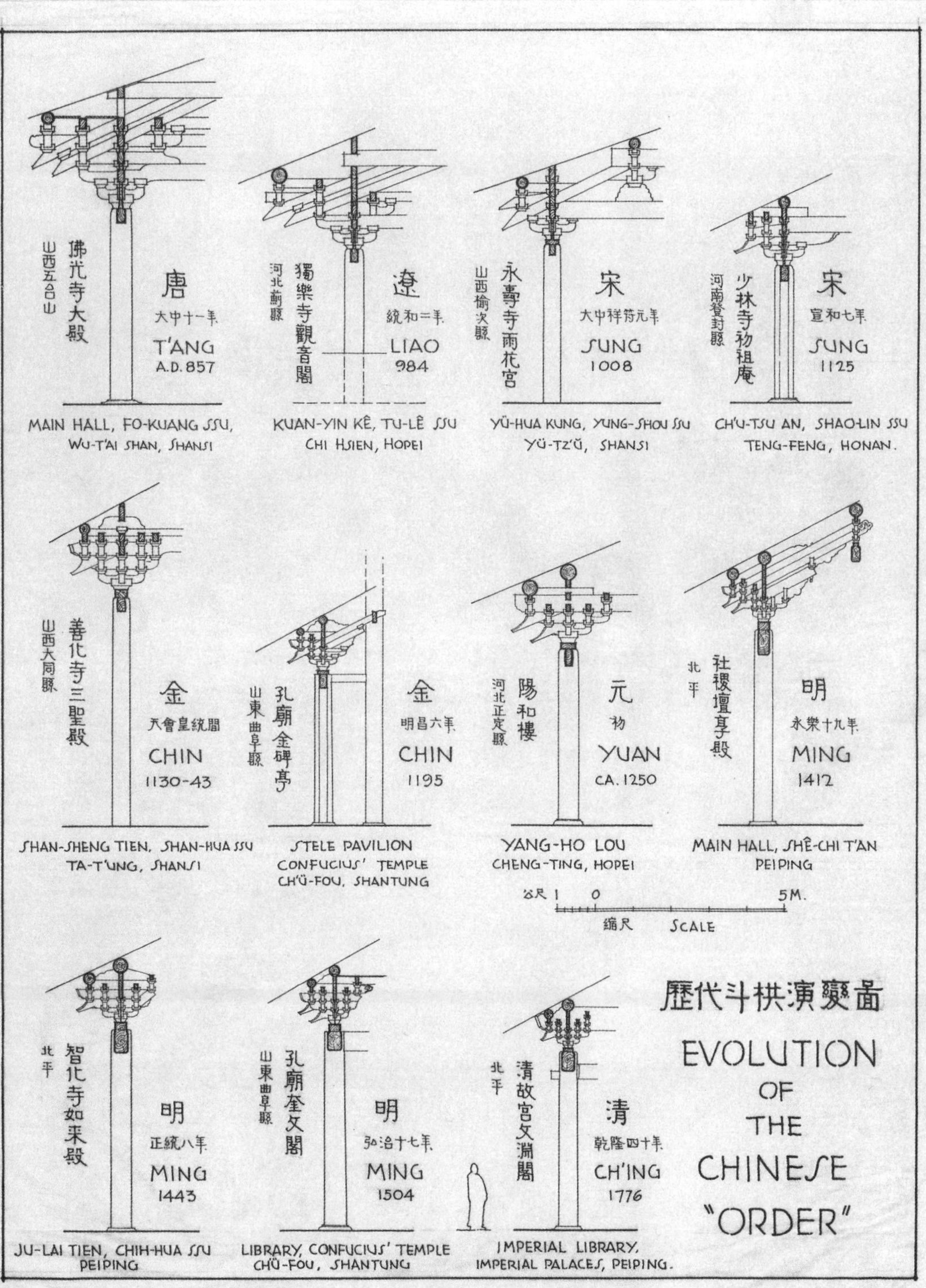

山西五台山 佛光寺大殿
唐
大中十一年
T'ANG
A.D. 857
MAIN HALL, FO-KUANG SSU,
WU-T'AI SHAN, SHANSI
河北蓟縣 獨樂寺觀音閣
遼
統和二年
LIAO
984
KUAN-YIN KÊ, TU-LÊ SSU
CHI HSIEN, HOPEI
山西榆次縣 永壽寺雨花宮
宋
大中祥符元年
SUNG
1008
YÜ-HUA KUNG, YUNG-SHOU SSU
YÜ-TZ'Ŭ, SHANSI
河南登封縣 少林寺初祖庵
宋
宣和七年
SUNG
1125
CH'U-TSU AN, SHAO-LIN SSU
TENG-FENG, HONAN.
山西大同縣 善化寺三聖殿
金
天會皇統間
CHIN
1130-43
SHAN-SHENG TIEN, SHAN-HUA SSU
TA-T'UNG, SHANSI
山東曲阜縣 孔廟金碑亭
金
明昌六年
CHIN
1195
STELE PAVILION
CONFUCIUS' TEMPLE
CH'Ü-FOU, SHANTUNG
河北正定縣 陽和樓
元
初
YUAN
CA. 1250
YANG-HO LOU
CHENG-TING, HOPEI
北平 社稷壇享殿
明
永樂十九年
MING
1412
MAIN HALL, SHÊ-CHI T'AN
PEIPING
公尺 1 0 5M.
縮尺 SCALE
北平 智化寺如來殿
明
正統八年
MING
1443
JU-LAI TIEN, CHIH-HUA SSU
PEIPING
山東曲阜縣 孔廟奎文閣
明
弘治十七年
MING
1504
LIBRARY, CONFUCIUS' TEMPLE
CHŬ-FOU, SHANTUNG
北平 清故宮文淵閣
清
乾隆四十年
CH'ING
1776
IMPERIAL LIBRARY,
IMPERIAL PALACES, PEIPING.
歷代斗栱演變圖
EVOLUTION OF THE CHINESE "ORDER"

历代斗栱演变图

汉

汉斗栱实物，见于崖墓、石阙及石室。彭山崖墓墓室内八角柱上多有斗栱，柱头上施栌斗（即大斗），其上安栱，两头各施散斗一；栱心之上，出一小方块，如枋头。斗下或有皿板，为唐以后所不见，而在云冈石窟及日本飞鸟时代实物中则尚见之。栱之形有两种，或简单向上弯起，为圆和之曲线，或为斜杀之直线以相连，殆即后世分瓣卷杀之初型，如魏、唐以后通常所见；或弯作两相对顶之S字形，亦见于石阙，而为后世所不见，在真正木构上究否制成此形，尚待考也。川、康诸石阙所刻斗栱，则均于栌斗下立短柱，施于额枋上。栱之形式亦有上述单弯与复弯两种；栱心之上或出小枋头或不出，斗下皿板则不见。朱鲔石室残址尚存石斗栱一朵，乃以简单弯栱托两散斗者，与后世斗栱形制较为相近。

明器中有斗栱者甚多，每自墙壁出栱或梁以挑承栌斗，其上施栱，间亦有柱上施栌斗者。“一斗三升”颇常见。又有散斗之上，更施较长之栱一层者，即后世所谓重栱之制。散斗之上又有施替木者。其转角处则挑出角枋，上施斗栱，抹角斜置，并无角栱。

画像石中所见斗栱多极程式化，然其基本单位则清晰可稽。其组合有一斗二升或三升者，有单栱或重栱者；有出跳至三四跳者；其位置则有在柱头或补间者。

综观上述诸例，可知远在汉代斗栱之形式确已形成，其结构当较后世简单。在转角处，两面斗栱如何交接，似尚未获圆满之解决法。至于后世以栱身之大小定建筑物全身比例之标准，则遗物之中尚无痕迹可寻也。

魏、晋

魏、齐斗栱，就各石窟外廊所见，柱头铺作多为一斗三升；较之汉崖墓石阙所见，栱心小块已演进为齐心斗。龙门古阳洞北壁佛殿形小龛，作小殿三间，其斗栱则柱头用泥道单栱承素方，单杪华栱出跳；至角且出角华栱，后世所谓“转角铺作”，此其最古一例也。补间铺作则有人字形铺作之出现，为汉代所未见。斗栱与柱之关系，则在柱头栌斗上施额，额上施铺作，在柱上遂有栌斗两层相叠之现象，为唐、宋以后所不见。至于斗栱之细节，则斗底之下，有薄板一片之表示，谓之“皿板”，云冈北魏栱头圆和不见分瓣；龙门栱头以四十五度斜切；天龙山北齐栱则不唯分瓣、卷杀，且每瓣均为凹弧形。人字形铺作之人字斜边，于魏为直线，于齐则为曲线。佛光寺塔上，赭画人字斗栱作人字两股平伸出而将尾翘起。云冈壁上所刻佛殿斗栱有作两兽相背状者，与古波斯柱头如出一范，其来源至为明显也。

唐

唐代斗栱已臻成熟极盛。以现存实物及间接材料，可得下列六种：

（一）一斗　为斗栱之最简单者。柱头上施大斗一枚以承檐椽，如用补间铺作，亦用大斗一枚。大雁塔、香积寺塔之斗栱均属此类。北齐石柱上小殿，为此式之最古实物。

（二）把头绞项作（清式称“一斗三升”）玄奘塔及净藏塔均用一斗三升。玄奘塔大斗口出耍头，与泥道栱相交。其转角铺作则侧面泥道栱在正面出为耍头；其转角问题之解决甚为圆满。柱头枋至角亦相交为耍头。净藏塔柱头之转角铺作，则其泥道栱随八角平面曲折，颇背结构原理。其大斗口内出耍头，斜杀如批竹昂形状。大雁塔门楣石所画大殿两侧迴廊斗栱则与玄奘塔斗栱完全相同。

（三）双杪单栱　大雁塔门楣石所画大殿，柱头铺作出双杪，第一跳偷心，第二跳跳头施令栱以承橑檐椽。其柱中心则泥道栱上施素枋，枋上又施令栱。栱上又施素枋。其转角铺作，则角上出角华栱两跳，正面华栱及角华栱跳头施鸳鸯交手栱，与侧面之鸳鸯交手栱相交。此虽间接资料，但描画准确，其结构可一目了然也。

（四）人字形及心柱补间铺作　净藏塔前面圆券门之上以矮短心柱为补间铺作，其余各面则用人字形补间铺作。大雁塔门楣石所画佛殿则于阑额与下层素枋之间安人字形铺作，其人字两股低偏，两端翘起。上下两层素枋之间则用心柱及斗。现存唐宋实物无如此者，但日本奈良唐招提寺金堂，则用上下两层心柱及斗，与此画所见，除下层以心柱代人字形铺作外，在原则上属同一做法。

（五）双杪双下昂　何晏《景福殿赋》有“飞昂鸟踊”之句，是至迟至三国已有昂矣。佛光寺大殿柱头铺作出双杪双下昂，为昂之最古实例。其第一、第三两跳偷心。第二跳华栱跳头施重栱，第四跳跳头昂上令栱与耍头相交，以承替木及橑檐槫。其后尾则第二跳华栱伸引为乳栿，昂尾压于草栿之下。其下昂嘴斜杀为批竹昂。敦煌壁画所见多如此，而在宋代则渐少见，盖唐代通常样式也。转角铺作于角华栱及角昂之上，更出由昂一层，其上安宝瓶以承角梁，为由昂之最古实例。

（六）四杪偷心　佛光寺大殿内柱出华栱四跳以承内槽四椽栿，全部偷心，不施横栱，其后尾与外檐铺作相同。

木构斗栱以佛光寺大殿为最古实例。此时形制已标准化，与辽、宋实物相同之点颇多。

宋

斗栱至宋代而发达至于成熟，其各件之部位大小已高度标准化，但其组成又极富变化。按《营造法式》之规定，材分八等，各有定度；“各以材高分为十五分，以十分为其厚”，以六分为栔，斗栱各件之比例，均以此材栔分为度量单位。其各栱及斗之规定长度，及出跳长度，直至清代尚未改变焉。

就实例言，其在燕云边壤者，尚多存唐风，如独乐寺观音阁、应县木塔、奉国寺大殿等，其斗栱与柱高之比例，均甚高大；斗栱之高，竟及柱高之半。至宋初实例，如榆次永寿寺雨华宫、晋祠大殿等，则在斫割卷杀方面较为柔和，比例则略见减缩。北宋之末，如初祖庵，及《营造法式》之标准样式，则斗栱之高仅及柱之七分之二，在比例上更见缩小。至于南宋及金，如苏州三清殿、大同善化寺三圣殿及山门等，斗栱比例更小，在此三百年间，即此一端已可略窥其大致。

在铺作之组成方面，因出杪出昂；单栱重栱，计心偷心，而有各种不同之变化。实物所见，有下列诸种：

（一）单杪下附半栱，见于大同海会殿及应县木塔顶层。

（二）双杪单栱偷心，独乐寺山门；双杪重栱计心，大同薄伽教藏、宝坻三大士殿等。

（三）三杪重栱计心，应县木塔平坐。

（四）三杪单栱计心，正定转轮藏殿平坐。

（五）单昂，苏州三清殿下檐。

（六）单杪单昂偷心，榆次永寿寺。

（七）单杪单昂偷心，昂形耍头，正定摩尼殿、转轮藏殿。

（八）双杪双昂重栱偷心，独乐寺观音阁及应县木塔。

（九）双杪三昂重栱计心，正定转轮藏殿转轮藏（小木作）。

（十）转角铺作附角斗加铺作一缝，大同善化寺大雄宝殿，华严寺大雄宝殿。

（十一）内槽斗栱用上昂，苏州三清殿。

（十二）双杪或三杪与斜华栱相交，大同善化寺大雄宝殿及三圣殿、华严寺大雄宝殿。

（十三）内槽转角铺作，栱自柱出，不用栌斗，苏州三清殿。

（十四）初间铺作之下施矮柱，其下或更施驼峰，大同薄伽教藏、蓟县独乐寺山门、宝坻三大士殿等。

至于斗栱之各部，其为宋代所初见，或为后世所无或异其形制者，有下列诸项：

（一）斜栱即上文（十二）所述。

（二）下昂，其后尾挑起，以承下平槫，或压于栿下，为一种杠杆作用，如永寿寺雨华宫、初祖庵等。明清以后，昂尾即失去其机能，成为一种虚饰。

（三）昂形耍头与令栱相交，在通常耍头位置，其前作昂嘴形，后尾挑起为杠杆，其功用与昂无异。正定转轮藏殿、晋祠大殿及献殿均为此例。

（四）华头子，自斗口出以承昂之两卷瓣，明、清以后即不见。

（五）替木在令栱之上以承槫接缝处，亦明、清以后所无。

斗栱各部之卷杀，宋代较唐代为柔和。唐代直线斜杀之批竹昂，在时期上唯宋初，在地域仅晋冀北部见之。天圣间建之晋祠大殿献殿及约略与之同时之龙兴寺转轮藏殿，昂嘴虽直杀，但更削两侧如琴面。北宋中叶以后昂嘴入如弧线，乃成惯例。斗栱最上层伸出之耍头，后世多作蚂蚱头形者，在宋代遗例中，或直斫，或斜杀如批竹昂，或作霸王拳，或作翼形，或作夔龙头等等，颇富于变化。至于栱头卷杀，分瓣已成定则，但瓣数未必尽同《营造法式》所规定耳。

模仿木构之砖塔，在斗栱之仿砌上，较之唐代更进一步。唐代砖塔仅作把头绞项作（即一斗三升），但宋代砖塔则砌砖出跳，至二跳三跳不等。其在辽、金地域以内者，斜栱且已成为常见部分。然因材料之限制，下昂终未见以砖砌制者也。至于杭州灵隐寺及闸口之石塔，以材料为石质，乃能镌出昂嘴形，模仿木构形制，更为逼真。

元

就斗栱之结构言，元代与宋应作为同一时期之两阶段观。元之斗栱比例尚大；昂尾挑起，尚保持其杠杆作用，补间铺作朵数尚少，每间两朵为最常见之例，曲阳德宁殿，正定阳和楼所见均如是。然而柱头铺作耍头之增大，后尾挑起往往自耍头挑起，已开明、清斗栱之挑尖梁头及镏金斗起秤杆之滥觞矣。

明、清

明、清二代，较之元以前斗栱与殿屋之比例，日渐缩小。斗栱之高，在辽、宋为柱高之半者，至明、清仅为柱高五分或六分之一。补间铺作日见增多，虽明初之景福寺大殿及社稷坛享殿亦已增至四朵、六朵，长陵祾恩殿更增至八朵，以后明、清殿宇当心间用补间铺作八朵，几已成为定律。补间铺作不唯不负结构荷载之劳，反为重累，于是阑额（清称额枋）在比例上渐趋粗大；其上之普拍枋（清称“平板枋”），则须缩小，以免阻碍地面对于纤小斗栱之视线，故阑额与普拍枋之关系，在宋、金、元为T形者，至明而齐，至明末及清则反成凸字形矣。

在材之使用上，明、清以后已完全失去前代之材契观念而仅以材之宽为斗口。其材之高则变为二斗口（二十分），不复有单材、足材之别。于是柱头枋上，往往若干材“实拍”累上，已将契之观念完全丧失矣。

在各件之细节上，昂之作用已完全丧失，无论为杪或昂均平置。明、清所谓之“起秤杆”之溜金斗，将耍头或撑头木（宋称“衬枋头”）之后尾伸引而上，往往多层相叠，如一立板，其尾端须特置托斗枋以承之，故宋代原为荷载之结构部分者，竟亦沦为装饰累赘矣。柱头铺作上之耍头，因为梁之伸出，不能随斗栱而缩小，于是梁头仍保持其必需之尺寸，在比例上遂显庞大之状，而挑尖梁头遂以形成。

第三章

塔的型类演变

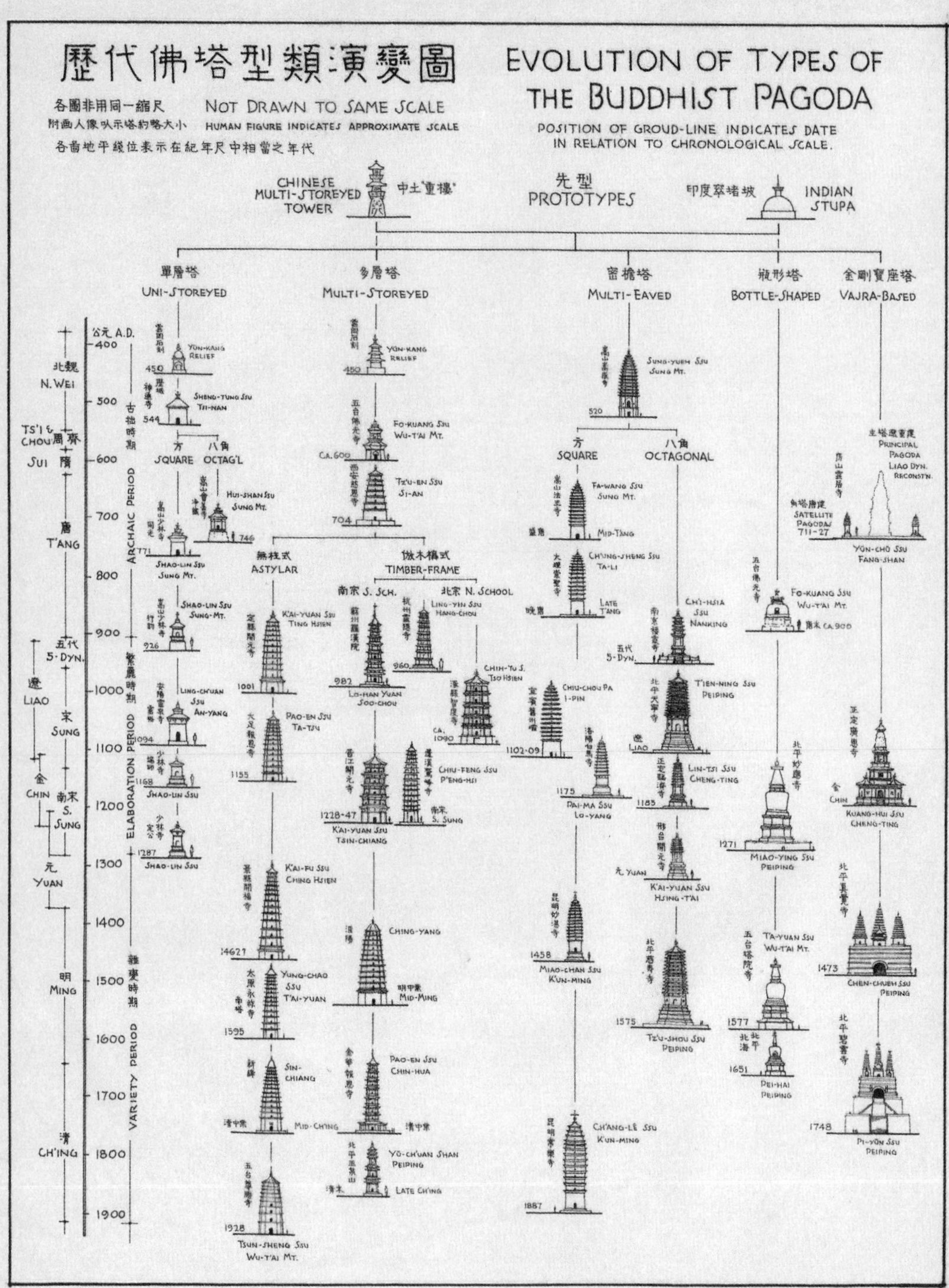
歷代佛塔型類演變圖
EVOLUTION OF TYPES OF THE BUDDHIST PAGODA
各圖非用同一縮尺
NOT DRAWN TO SAME SCALE
附画人像以示塔約略大小
HUMAN FIGURE INDICATES APPROXIMATE SCALE
各畫地平綫位表示在紀年尺中相當之年代
POSITION OF GROUD-LINE INDICATES DATE IN RELATION TO CHRONOLOGICAL SCALE.
先型
PROTOTYPES
CHINESE MULTI-STOREYED TOWER
中土"重樓"
印度窣堵坡
INDIAN STUPA
單層塔
UNI-STOREYED
多層塔
MULTI-STOREYED
密檐塔
MULTI-EAVED
瓶形塔
BOTTLE-SHAPED
金剛寶座塔
VAJRA-BASED
方
SQUARE
八角
OCTAG'L
方
SQUARE
八角
OCTAGONAL
無柱式
ASTYLAR
倣木構式
TIMBER-FRAME
南宋 S. SCH.
北宋 N. SCHOOL
ARCHAIC PERIOD
ELABORATION PERIOD
VARIETY PERIOD
公元 A.D.
北魏 N. WEI
TS'I & CHOU 齊周
SUI 隋
唐 T'ANG
五代 5-DYN.
遼 LIAO
宋 SUNG
金 CHIN
南宋 S. SUNG
元 YUAN
明 MING
清 CH'ING
YÜN-KANG RELIEF
SHENG-TUNG SSU TSI-NAN
HUI-SHAN SSU SUNG MT.
SHAO-LIN SSU SUNG MT.
LING-CH'UAN SSU AN-YANG
SHAO-LIN SSU
FO-KUANG SSU WU-T'AI MT.
TZ'U-EN SSU SI-AN
K'AI-YUAN SSU TING HSIEN
LO-HAN YUAN SOO-CHOW
LING-YIN SSU HANG-CHOU
CHIN-TU S. TSO HSIEN
PAO-EN SSU TA-TSU
CHIU-FENG SSU P'ENG-HSI
K'AI-YUAN SSU TSIN-CHIANG
K'AI-FU SSU CHING HSIEN
YUNG-CHAO SSU T'AI-YUAN
CHING-YANG
MID-MING
SIN-CHIANG
MID-CH'ING
PAO-EN SSU CHIN-HUA
YÜ-CH'UAN SHAN PEIPING
LATE CH'ING
TSUN-SHENG SSU WU-T'AI MT.
SUNG-YUEH SSU SUNG MT.
FA-WANG SSU SUNG MT.
MID-T'ANG
CH'UNG-SHENG SSU TA-LI
LATE T'ANG
CH'I-HSIA SSU NANKING
T'IEN-NING SSU PEIPING
CHIU-CHOU PA I-PIN
PAI-MA SSU LO-YANG
LIN-TSI SSU CHENG-TING
K'AI-YUAN SSU HSING-T'AI
MIAO-CHAN SSU K'UN-MING
TZ'U-SHOU SSU PEIPING
CH'ANG-LE SSU K'UN-MING
FO-KUANG SSU WU-T'AI MT.
MIAO-YING SSU PEIPING
TA-YUAN SSU WU-T'AI MT.
PEI-HAI PEIPING
PRINCIPAL PAGODA LIAO DYN. RECONST'N.
SATELLITE PAGODAS 711-27
YÜN-CHÜ SSU FANG-SHAN
KUANG-HUI SSU CHENG-TING
CHEN-CHUEH SSU PEIPING
PI-YÜN SSU PEIPING

历代佛塔型类演变图

塔本为瘗佛骨之所，梵语曰“窣堵坡”（Stupa），译义为坟、冢、灵庙。其在印度大多为半圆球形冢，而上立刹者。及其传至中国，于汉末三国时代，“上累金盘，下为重楼”，殆即以印度之窣堵坡置于中国原有之重楼之上，遂产生南北朝所最通常之木塔。今国内虽已无此实例，然日本奈良法隆寺五重塔，云冈塔洞中之塔柱及壁上浮雕及敦煌壁画中所见皆此类也。云冈窟壁及天龙山浮雕所见尚有单层塔，塔身一面设龛或辟门者，其实物即神通寺四门塔，为后世多数墓塔之始型。嵩山嵩岳寺塔之出现，颇突如其来，其肇源颇耐人寻味，然后世单层多檐塔，实以此塔为始型。塔之平面，自魏以至唐开元、天宝之交，除此塔及佛光寺塔外，均为方形；然此塔之十二角亦孤例也。佛光寺塔亦为国内孤例，或可谓为多层之始型也。

隋、唐

唐长安城中，佛寺道观大都创建于隋，传记所载，其创建于唐代者，反不若隋之多。唐代创建，功德最盛而传统至今者，以大慈恩寺为最著。寺为贞观二十二年（公元648年）高宗为太子时，为母文德皇后立，故以“慈恩”为名。寺凡十余院，总一千八百九十七间。会昌毁佛时所诏留，得幸免于难。寺西院浮图，“永徽三年（公元652年），沙门玄奘所立，初唯五层，崇一百九十尺。砖表土心，仿西域窣堵坡制度，以置西域经像”。塔上层以石为室，南面有太宗及高宗圣教序碑。兴工之日，师“唯恐三藏梵本零落忽诸，二圣天文寂寥无纪，所以敬崇此塔，拟安梵本，又树丰碑，镌斯序记”。师亲负箕畚，担运砖石，首尾二周，成此正业。其后塔心内卉木钻出，渐以颓毁，长安中（公元701—704年）“更拆改造，依东夏刹表旧式，特崇于前”，现存塔即此次所建。唐岑参登慈恩寺浮图诗：“四角碍白日，七层摩苍穹。”与现状相符。但章八元则谓其“十层突兀在虚空，四十门开面面风”，则较现塔多三层。西安府志谓十层塔兵余存七层，未知是否事实耳。

佛塔建筑，其初虽多木构，至唐以后，砖石之用渐多，故今遗物亦较夥。各省各县总计或在百数十之数。长安慈恩寺塔、荐福寺塔等皆现存唐塔中之著名者也。

国内现存唐代建筑实物，以砖石塔为最多。

隋、唐现存佛塔平面均四方形。北魏虽有佛光寺六角塔及嵩岳寺十二角塔，然为两孤例。辽、宋以后八角形虽已成为佛塔平面之最通常形式，然在唐代则仅此一例而已。

现存唐代佛塔类型计有下列三种：

（一）模仿木构之砖塔　如玄奘塔、香积寺塔、大雁塔、净藏塔之类。各层塔身表面以砖砌成柱、额、斗栱乃至门、窗之状，模仿当时木塔样式，其檐部则均叠涩出檐，又纯属砖构方法。层数自一层至十三乃至十五层不等。

（二）单层多檐塔　如小雁塔、法王寺塔、云居寺石塔之类，下层塔身比例瘦高，其上密檐五层至十五层。檐部或叠涩，或刻作椽、瓦状。

（三）单层墓塔　如慧崇塔、同光塔之类。塔身大多方形，内辟小室，塔身之上叠涩出檐，或单檐或重檐，即济南神通寺东魏四门塔型是也。如净藏塔亦可属于此类，但塔身为木构样式。

现存唐代佛塔特征之最可注意者两点：

（一）除天宝间之净藏禅师塔外，唐代佛塔平面一律均为正方形：如有内室亦正方形。

（二）各层楼板、扶梯一律木构，故塔身结构实为一上下贯通之方形砖筒。除少数实心塔及仅供佛像不能入内之小石塔外，自北魏嵩岳寺塔以至晚唐诸塔，莫不如是。凡有此两特征之佛塔，其为唐构殆可无疑矣。

除上举实物所见诸类型外，见于敦煌画之佛塔，尚有下列四种：

（一）木塔　与云冈石窟浮雕及塔柱所见者相同，盖即“上累金盘，下为重楼”之原始型华化佛塔也。

（二）多层石塔　为将多数“四门塔”垒叠而成者。每层塔身均辟圆券门，叠涩出檐，上施山花蕉叶。现存实物无此式，然在结构上则极合理也。

（三）下木上石塔　下层为木构，斗栱出瓦檐。其上设平坐，以承上层石窣堵坡。其结构违反材料力学原则，恐实际上不多见也。

（四）窣堵坡　塔肚部分或为圆球形或作钟形。现存唐代实物无此式。佛塔建筑，其初虽多木构，至唐以后，砖石之用渐多，故今遗物亦较夥。各省各县总计或在百数十之数。长安慈恩寺塔、荐福寺塔等皆现存唐塔中之著名者也。

宋、辽、金

宋、辽、金佛塔计有下列六型：

（一）木塔，唯应县佛宫寺释迦塔一孤例。在结构原则上，与独乐寺观音阁大致相同。其柱之分配，为内外二周，其上安平坐，以承上层构架，五层相叠，至顶层覆以八角攒尖顶。正定天宁寺塔则下半为砖，上半为木。

（二）模仿多层木构之砖塔，其蓝本即为佛宫寺释迦塔之类。因地域之不同，又可分为二支型。（甲）宋型，如苏州双塔、虎丘塔、杭州六和塔之类。每间比例较狭，角柱之间立槏柱以安门窗，多作壶门。与塔身比，斗栱比例颇大。檐部多用菱角牙子叠涩为檐。（乙）辽型，如易县千佛塔、涿县南北二塔、辽宁白塔子塔。柱颇高，每间颇广阔，斗栱比例较小于宋型而模仿忠实过之。门均为圆券门，与宋型迥异其趣。

（三）模仿多层木构之石塔，如灵隐寺双石塔及闸口白塔，模仿至为忠实，但塔身小，实为一种雕刻品，在功用上实同经幢。至如泉州开元寺双塔则为正式建筑，其仿木亦唯肖逼真，但省去平坐，为木构中所少见耳。

（四）单层多檐塔，亦可分为二型。（甲）仿木斗栱出檐型，第一层斗栱檐以上各层均砌斗栱，上出椽檐多层，如普寿寺塔、北平天宁寺塔、云居寺南塔，均属此型。（乙）叠涩出檐型，其第一层檐仍用斗栱，但第二层以上均叠涩出檐，如易县圣塔院塔、涞水县西冈塔、热河大名城大小两塔、辽阳白塔，均属此型。

（五）窣堵坡顶塔，塔之下段与他型无大区别，多三层，其上塔顶硕大，如窣堵坡、河北房山云居寺北塔、蓟县白塔、易县双塔庵西塔、邢台天宁寺塔，皆属此型。此型之原始，或因建塔未完，经费不足，故潦草作大刹顶以了事，遂形成此式，亦极可能，但其顶部是否后世加建，尚极可疑。

（六）铁塔，其性质近于经幢，径仅一米余，比例瘦而高。铁质易锈，今保存最佳者，唯当阳玉泉寺铁塔。

元

自元以后，不复见木塔之建造。砖塔已以八角平面为其标准形制，隅亦有作六角形者，仅极少数例外，尚作方形。塔上斗栱之施用，亦随木构比例而缩小，于是檐出亦短，佛塔之外轮廓线上已失去其檐下深影之水平重线。在塔身之收分上，各层相等收分，外线已鲜见唐宋圆和卷杀，塔表以琉璃为饰，亦为明、清特征。瓶形塔之出现，为此期佛塔建筑一新献，而在此数百年间，各时期亦各有显著之特征。元、明之塔座，用双层须弥座，塔肚肥圆，十三天硕大，而清塔则须弥座化为单层，塔肚渐趋瘦直，饰以眼光门，十三天瘦直如柱，其形制变化殊甚焉。

明、清

明代佛塔建筑，胥以砖石为主，木材因易变毁，已不复用以建塔矣。有明一代，其佛塔之最著者，莫若金陵报恩寺琉璃宝塔，不幸毁于太平天国之乱，至今仅存图绘。据海关报告，塔高英尺二七六呎七吋强，约合八十四点五公尺。塔经始于明永乐十年（公元 1412 年），至宣德六年（公元 1431 年）讫工，历十九年告成；八面九级，外壁以白瓷砖合甃而成，现存佛塔之形制约略相同者，为广胜寺飞虹塔。

清代建筑佛塔之风，虽不如前朝之盛，然因年代较近，故现存实物颇多，且地方为争取本地功名故，佛塔而外文峰塔遂几成为每一县城东南方所必有之点缀矣。

山西应县佛宫寺辽释迦木塔渲染图

山西应县佛宫寺辽释迦木塔实物照

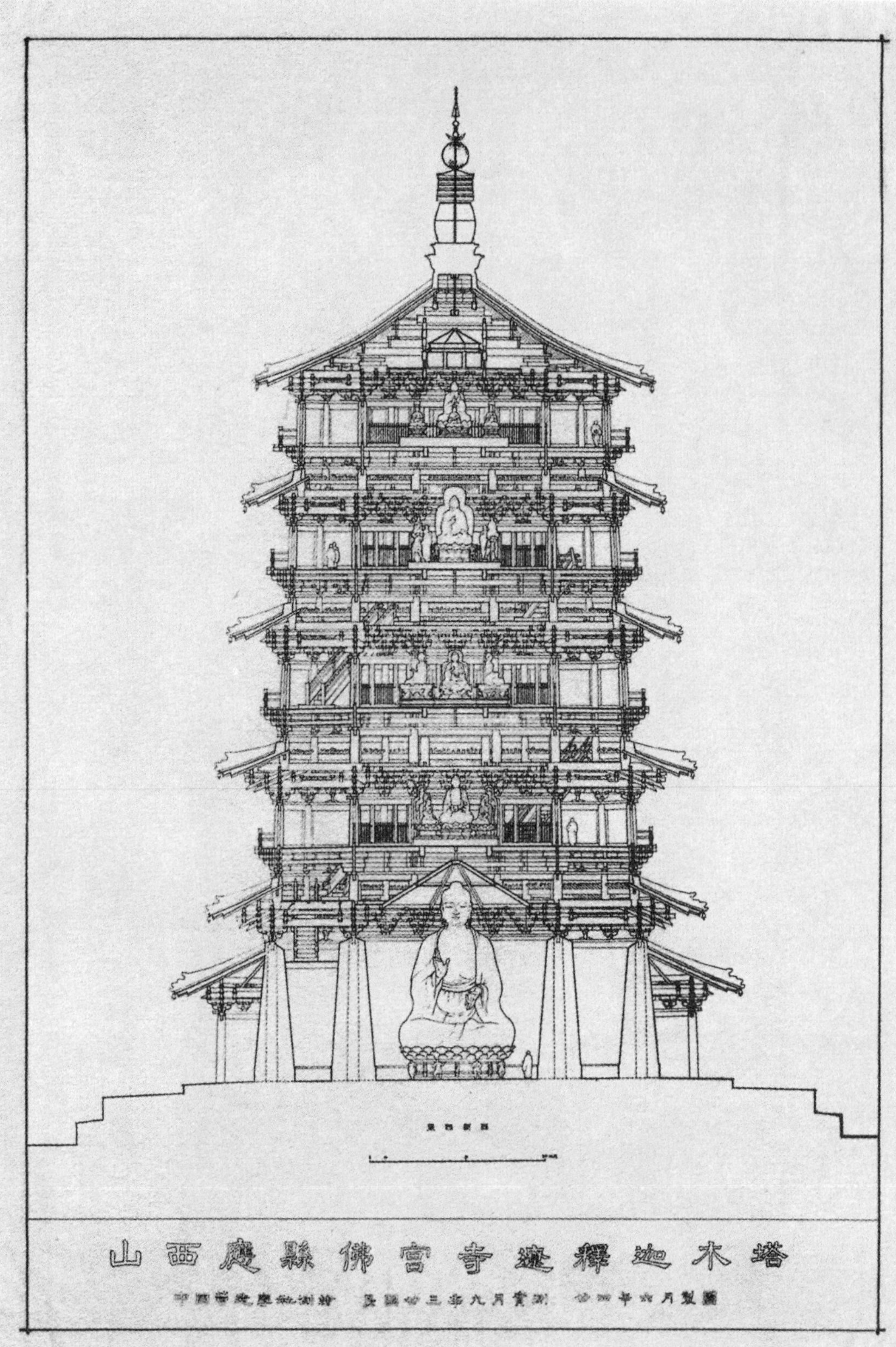

山西应县佛宫寺辽释迦木塔断面图

山西应县佛宫寺释迦木塔

辽清宁二年（宋仁宋嘉祐元年，公元 1056 年）建，为国内现存最古木塔。塔立于寺山门之内，大殿之前，中线之上，为全寺之中心建筑。塔平面八角形，高五层，全部木构，下为阶基，上立铁刹，全高约六十七米，塔身构架，以内外两周柱为主，其第一层于塔身之外，更加周匝副阶，形成第一层重檐之制。以上四层均下为平坐，上出檐，层层相叠。最上层檐合为八角攒尖顶，其上立铁刹。内外柱之上均施斗栱。上承乳栿以相固济，其上更施草栿，每层之平坐柱即立于下一层之草栿上。内周各层柱，均微侧脚，下四层均上下中线相直，顶层乃退入少许。外檐柱则各层平坐柱均较下一层檐柱微退入，促成塔全部向上递收之势。其外檐斗栱，副阶出双杪，偷心；第一、第二两层出双杪双下昂，如独乐寺观音阁上层檐所见，第三层三杪，第四层双杪，第五层半栱承单杪。其补间铺作有以驼峰短柱承大斗者，有以斜栱相交者，如善化寺大殿及普贤阁所见。平坐铺作，第二、第三、第四,三层均出三杪，第五层出双杪。内槽斗栱，一律出华栱四跳，跳头或施横栱或偷心不等。总计各层内外共有斗栱三十余种，胥视其地位功用之不同而异其结构及形制。塔最下层内外柱两周均甃以土墼墙。上四层外柱间，除四正面当心间辟门外，其余各间俱作木条编道抹灰墙，上四层内柱间无墙壁，但立叉子。塔顶刹以砖砌仰莲两层为坐，上又为铁仰莲一层，以承覆钵、相轮、宝盖、圆光等部分，各层佛像均为辽代原塑，颇精美。

河南嵩山嵩嶽寺塔平面

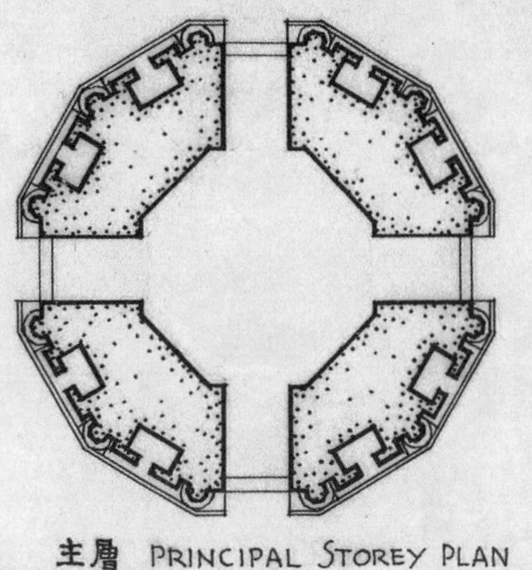

主層 PRINCIPAL STOREY PLAN

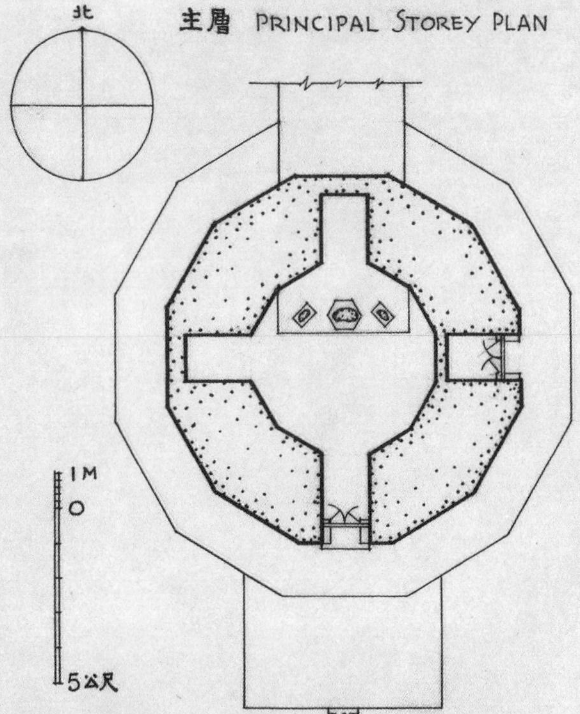

基層 GROUND STOREY PLAN

PAGODA OF SUNG-YÜEH SSU

SUNG MOUNTAINS · TENG-FENG · HONAN

劉敦楨測繪 MEASURED BY LIU, T.-T.

河南嵩山嵩岳寺塔平面图

河南嵩山嵩岳寺塔

北魏孝明帝正光元年（公元520年）建，为国内现存最古之砖塔。塔平面十二角形，阶基之上，立高耸之塔身。塔身之下为高基，平素无饰，叠涩出檐，塔身各隅立倚柱一根，柱头饰垂莲。东西南北四面砌圆券门，其余八面，各作墓塔形佛龛一座。各券面砌出火焰形尖栱，塔身以上出叠涩檐十五层，顶上安砖刹，相轮七层，塔外廓略如炮弹形，轻快秀丽。塔内部作八角形内室，共十层，但楼板已毁，自下可望见内顶。塔身柱及券面，均呈显著之印度影响。

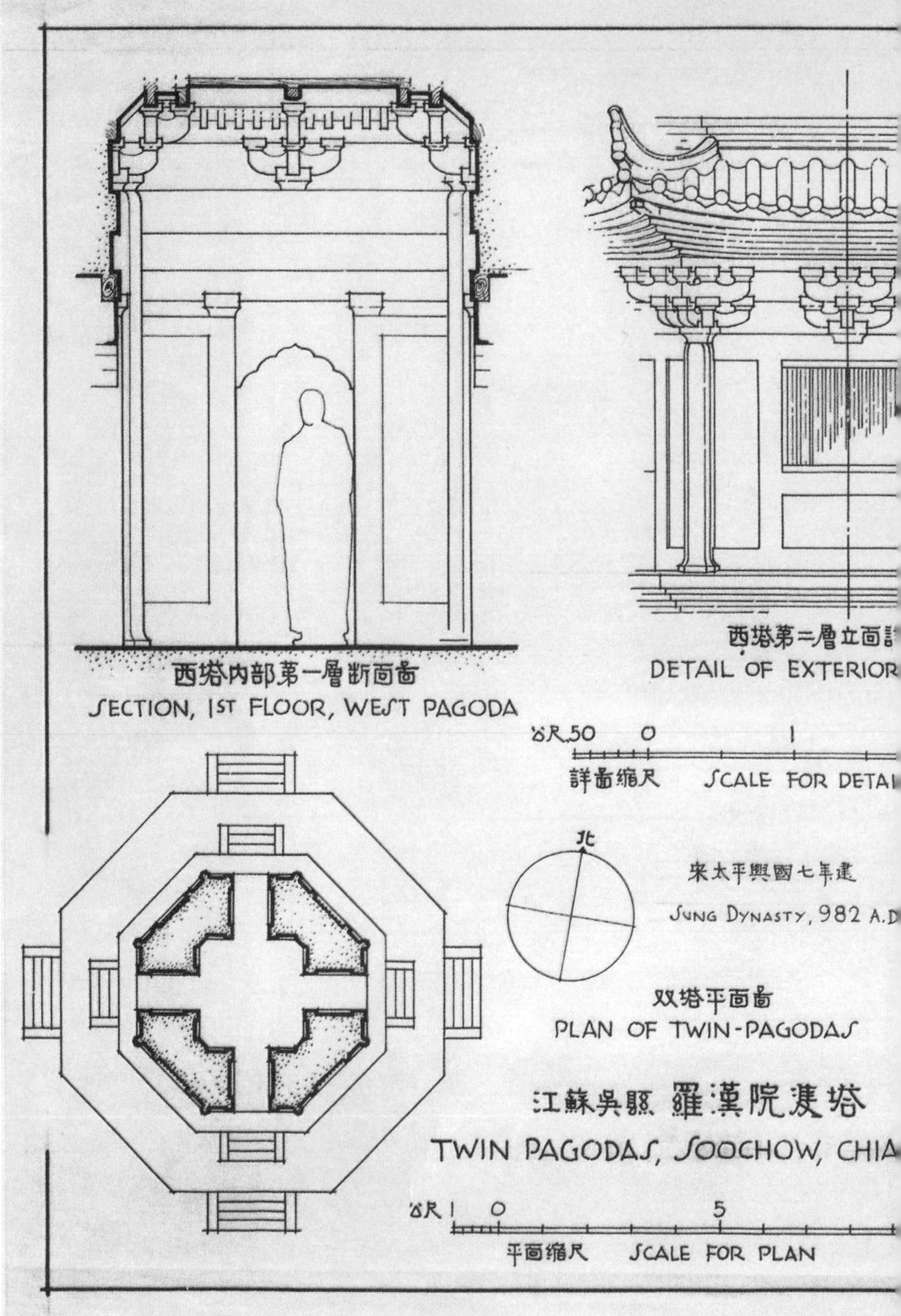
西塔内部第一層断面畵
SECTION, 1ST FLOOR, WEST PAGODA
西塔第二層立面詳
DETAIL OF EXTERIOR
公尺.50 0 1
詳畵縮尺 SCALE FOR DETAI
北
宋太平興國七年建
SUNG DYNASTY, 982 A.D
双塔平面畵
PLAN OF TWIN-PAGODAS
江蘇吳縣 羅漢院雙塔
TWIN PAGODAS, SOOCHOW, CHIA
公尺1 0 5
平面縮尺 SCALE FOR PLAN

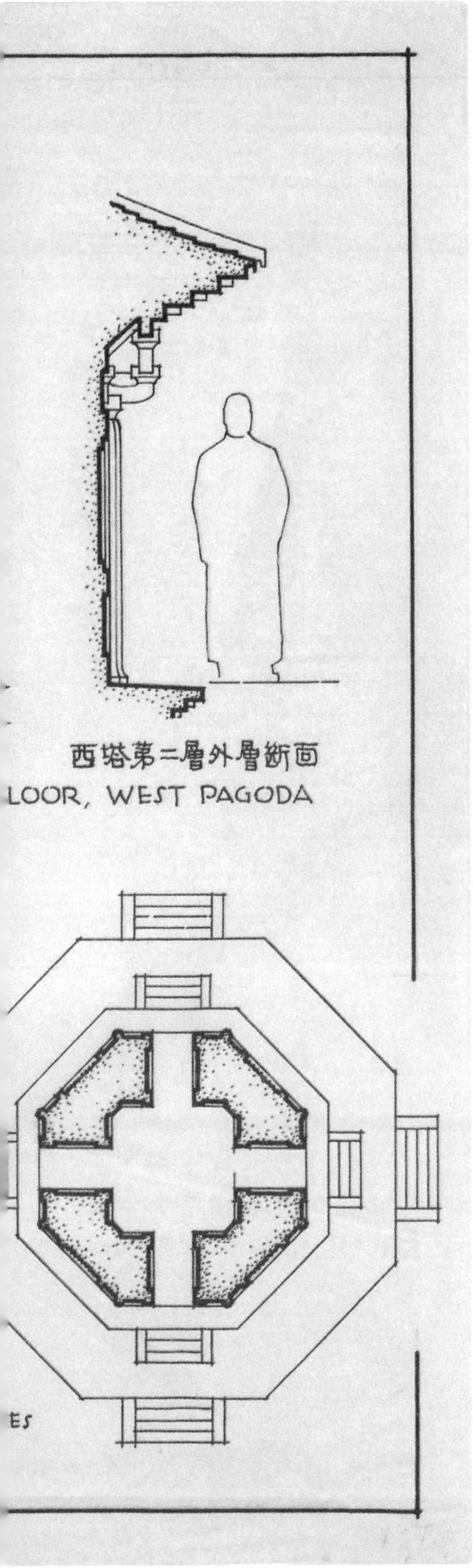

江苏吴县
罗汉院双塔

西塔第二层外层断面

LOOR, WEST PAGODA

ES

宋太平兴国七年（公元 982 年）王文罕兄弟所建。二塔各七层，平面皆八角形。四正面各辟一门达中央方室。方室四层，每层方向以四十五度相错，故各层门窗位置富于变化。塔第一层重檐，阶基两重，以上六层皆下平坐，上出檐，各层檐斗栱除第七层出华栱二跳外，余皆一跳；斗栱之上，出檐结构，以菱角牙子与板檐砖三层逐渐挑出，至角微翘起，其上施瓦陇垂脊。塔身各层外壁，每角立八角柱，柱间砌作阑额、地栿、槏柱、直棂窗等，忠实模仿木构形制。塔内方室下五层，亦于四隅立柱砌枋额地栿等，其上亦出斗栱。塔顶之刹，以木为杆，覆钵、相轮、宝盖、圆光等，虽屡经后代修理，仍大致保存宋初原形。

江苏吴县罗汉院双塔

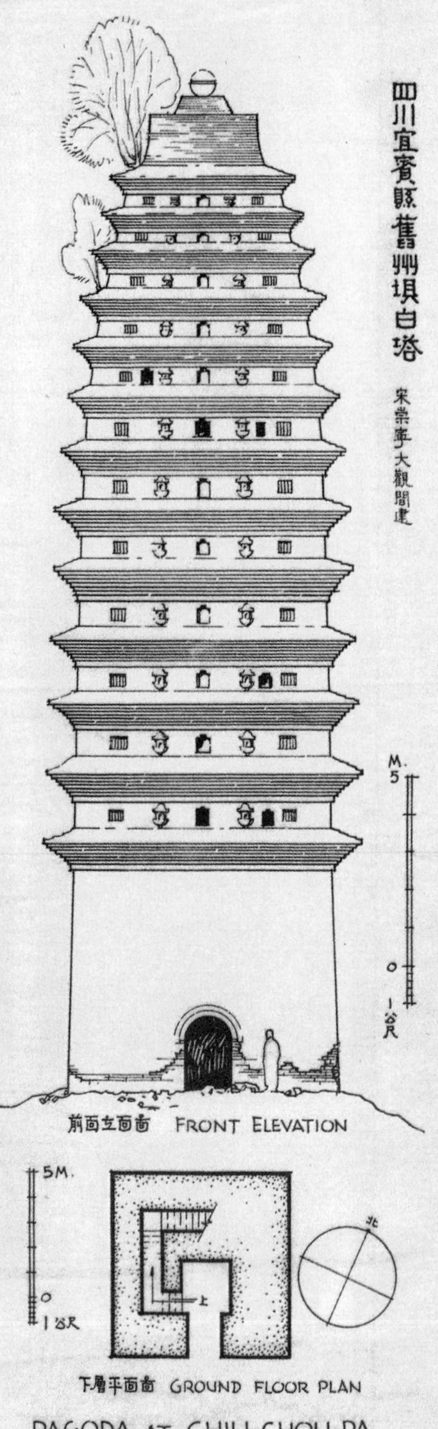
四川宜賓縣舊州壩白塔
宋崇寧大觀間建
M.
5
0
1公尺
前面立面圖 FRONT ELEVATION
5M.
0
1公尺
北
上
下層平面圖 GROUND FLOOR PLAN
PAGODA AT CHIU-CHOU-PA,
YI-PIN, SZECHUAN
SUNG DYNASTY, 1102-09 A.D.

四川宜宾县旧州坝白塔

四川宜宾县旧州坝白塔

塔建于北宋崇宁元年至大观三年之间（公元 1102—1109 年）。塔平面正方形。初层塔身颇高，上叠涩出密檐十三重，塔内设方室五层，各层走道阶级，则环绕内室螺旋而上。在外观上，属于唐代常见之单层多檐方塔系统，但内室及走道梯阶之布置，则为宋代所常见。盖因地处偏僻，其受中原影响迟缓，故有此时代落后之表现也。

砖塔檐部，无斗栱者完全叠涩出檐。

前面立面 FRONT ELEVATI

REDRAWN FROM BOERSCHMANN: CHINESISCHE ARCHITEKTUR.

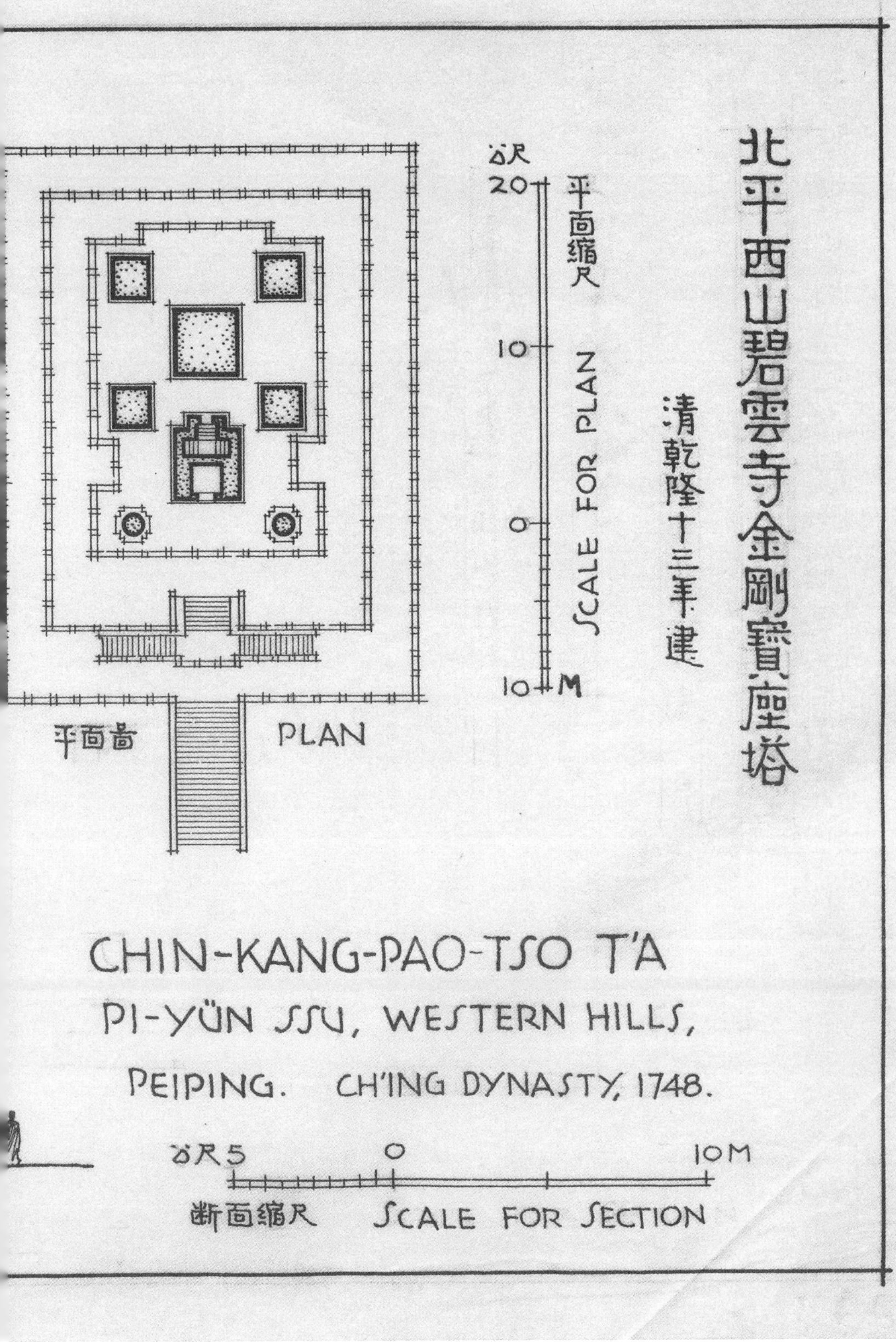

北平西山碧雲寺金剛寶座塔

清乾隆十三年建

公尺
20
10
0
10 M

平面缩尺
SCALE FOR PLAN

平面圖 PLAN

CHIN-KANG-PAO-TSO T'A
PI-YÜN SSU, WESTERN HILLS,
PEIPING. CH'ING DYNASTY, 1748.

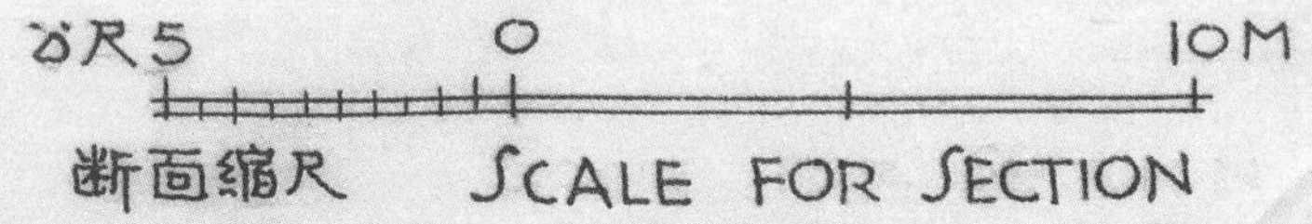

碧云寺塔

北京西山碧云寺金刚宝座塔

寺建于元，明代重修，塔则清乾隆十二年（公元 1747 年）所建也。塔为金刚宝座式，形制与北平真觉寺明塔相似，但因地据山坡，且建于重层石台之上，故气魄较为雄壮。此外就各部细节比较，两塔不同之点尚多。明塔宝座平面方形，须弥座以上以檐将座身划分为五层；清塔则平面略作土字形，自下至上，以样式大小不同之须弥座五座相叠，在图案上呈现凌乱之象，不如明塔之单纯安定。明塔于宝座之上，立方形单层多檐塔五座，前面两塔之间立上檐圆下檐方之纯中国式砖亭；清塔则除五塔之外，其前更列瓶形塔二，其方亭上作半圆球顶，亭上四隅更各置瓶形小塔一，故全部所呈现象，与明塔完全异趣。此塔所用石料为西山汉白玉石，雕工至为精巧，然图案凌乱，刀法软弱，在建筑与雕刻双方均不得称为成功之作。

清代类似此式之塔，尚有北平黄寺塔。塔无宝座，仅于阶基之上立瓶形塔，四隅立八角四层塔各一。其瓶形塔之塔肚已失去元、明圆和肥硕之曲线，而成上大下小之圆锥体之一段，其十三天两侧雕作流云下垂，宝顶圆盘则作八瓣覆钟形。

第四章

宫殿布局

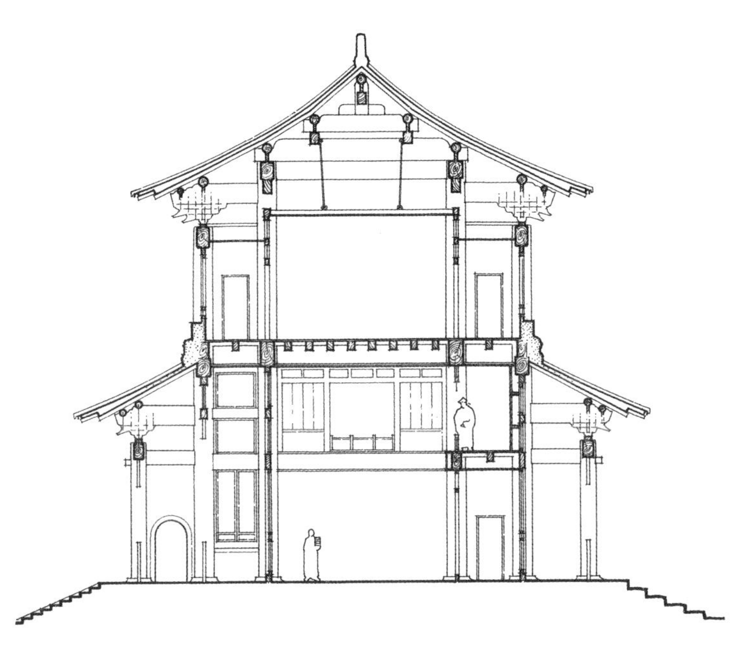

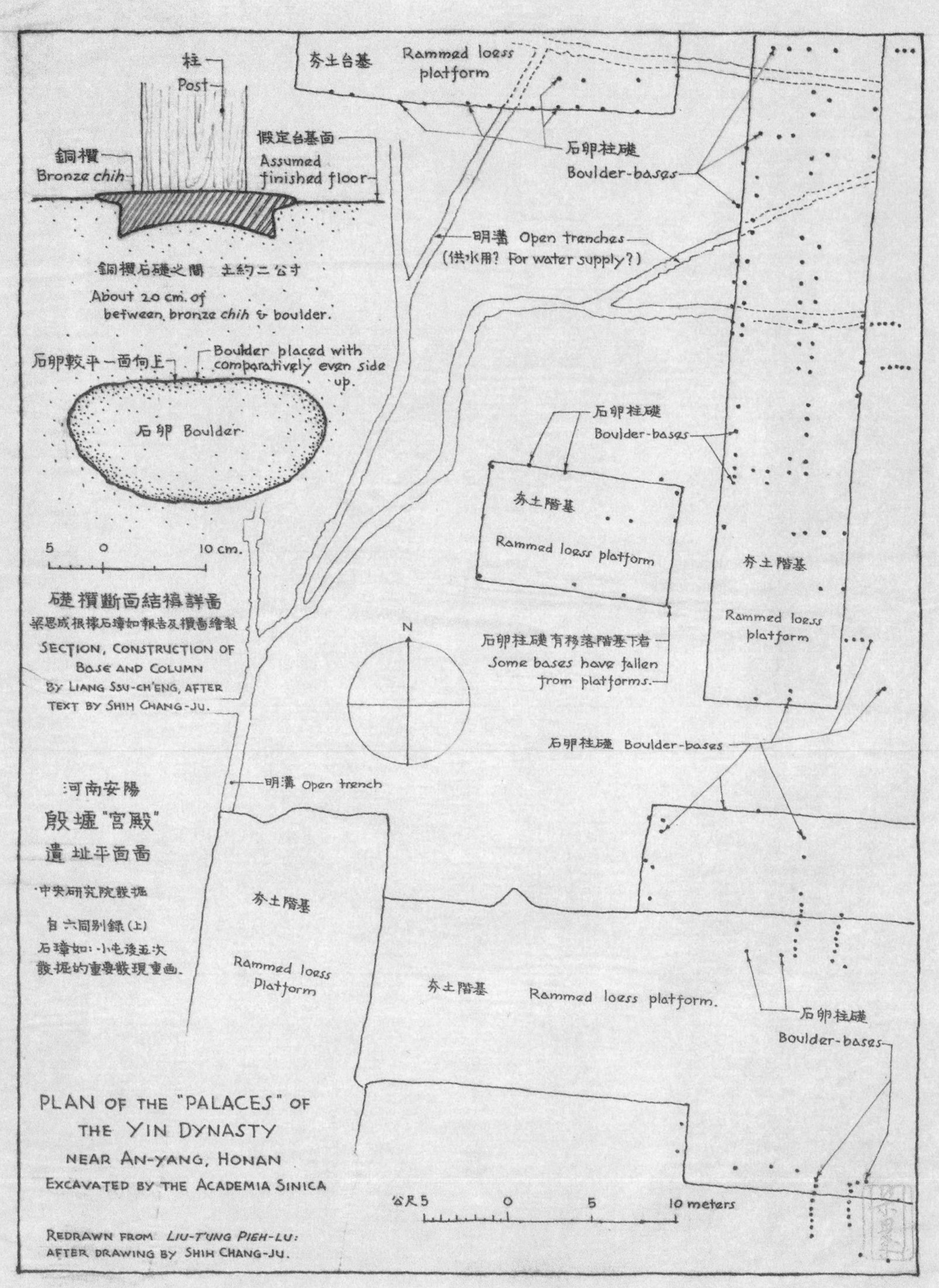

河南安阳殷墟“宫殿”遗址平面图

中国建筑之原始，究起自何时，殆将永远笼罩于史前之玄秘中。“上古穴居而野处，后世圣人易之以宫室，上栋下宇，以蔽风雨”。此固为后世之推测，然其所说穴居之习，固无疑义，直至今日，河南、山西一带居民，穴居仍极普遍。宫室与穴居可以同时并存，未必前后相替也。

殷商以前，史难置信，姑集所记。黄帝（公元前二十七世纪顷？），“邑于涿鹿之阿，迁徙往来无常处，以师兵为营卫”，当时显然未有固定之城郭宫室。至尧之时（公元前二十三世纪顷？），则“堂崇三尺，茅茨不翦”，后世虽以此颂尧之俭德，实亦可解为当时技术之简拙。至舜所居，则“一年成聚，二年成邑，三年成都”。舜“宾于四门，四门穆穆”，初期之都市已开始形成。“禹卑宫室，致费于沟淢”，则因宫室已渐华侈，然后可以“卑”之。

至殷代末年（公元前十二世纪顷），纣王广作宫室，益广囿苑，“南距朝歌，北据邯郸及沙丘，皆为离宫别馆”。然周武王革命之后，已全部被毁。箕子自朝鲜“朝周，过殷墟，感宫室毁坏生禾黍”而伤之。其后约三千年，乃由中央研究院历史语言研究所予以发掘，发现若干建筑遗址。其中有多数土筑殿基，上置大石卵柱础，行列井然。柱础之上，且有覆以铜者。其中若干处之木柱之遗炭尚宛然存在，盖兵乱中所焚毁也。除殿基外，尚有门屋、水沟等遗址在。其全部布置颇有条理。后代中国建筑之若干特征，如阶基上立木柱之构架制，平面上以多数分座建筑组合为一院之布置，已可确考矣。

与殷末约略同时者，有周文王之祖父太王由原始穴居之情形下，迁至岐下，相量地亩，召命工官匠役，建作家室、宗朝、门庭。咏于《诗经》。

周文王都丰、武王都镐，在今长安之南。《诗经》亦有赋此区域之

採桑獵鈁拓

RUBBING FROM VASE PERIOD

門頰上鈎形物待攷，或為掛簾之用。

Hook on jamb, function unknown, possibly for lifting curtain.

雙扇版門，並見

Paneled door, with jo

故宮博物院藏

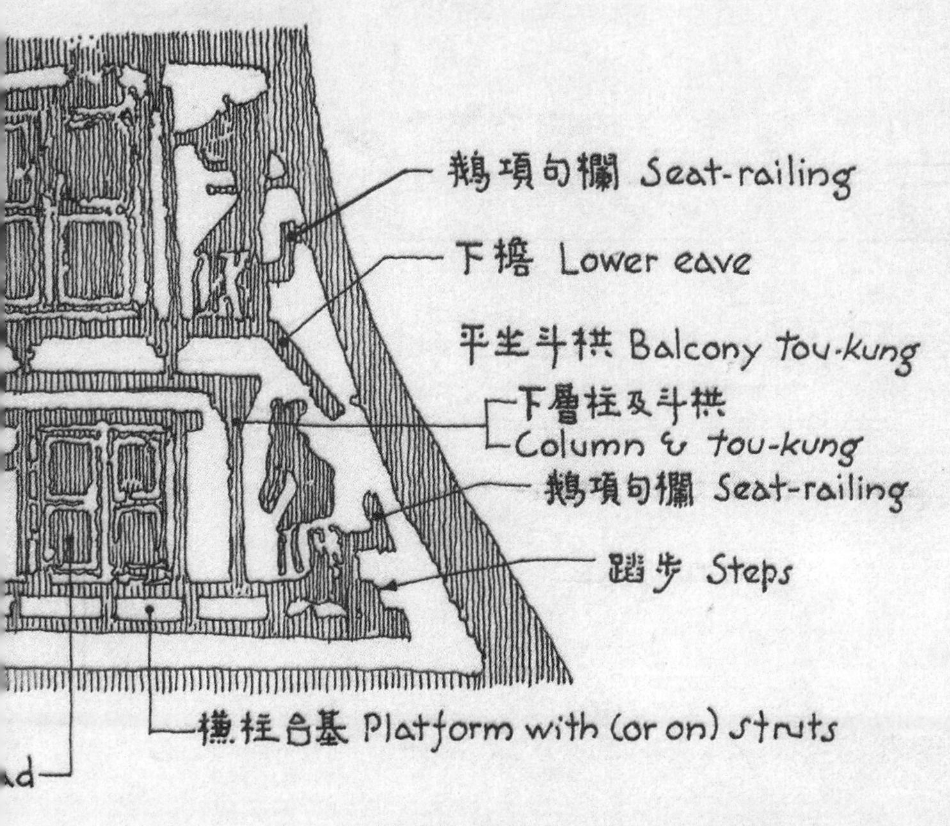
室畵 戰國時代
ARRING KINGDOMS 468-221 B.C.
鵝項句欄 Seat-railing
下檐 Lower eave
平坐斗栱 Balcony tou-kung
下層柱及斗栱
Column & tou-kung
鵝項句欄 Seat-railing
踏步 Steps
欂柱台基 Platform with (or on) struts
COLLECTION, PALACE MUSEUM.

战国时代采桑猎钫拓本宫室图

建筑者。据《诗经》所咏，得知陕西一带当时之建筑乃以版筑为主要方法，然而屋顶之如翼，木柱之采用，庭院之平正，已成定法。丰、镐建筑虽已无存，然其遗址尚可考。

文王于营国、筑室之余，且与民共台池鸟兽之乐，作灵囿，内有灵台、灵沼，为中国史传中最古之公园。成王之时，周公“复营洛邑，如武王之意”。此为我国史籍中关于都市设计最古之实录。

都市之制：天子都城“方九里，旁三门。国中九经九纬，经涂九轨。左祖右社，面朝后市……”盖自三代以降，我国都市设计已采取方形城郭，正角交叉街道之方式。

故宫博物院藏采桑猎钫上有宫室图，屋下有高基，上为木构。屋分两间，故有立柱三，每间各有一门，门扉双扇。上端有斗栱承枋，枋上更有斗栱作平坐。上层未有柱之表现。但亦有两门，一门半启，有人自门内出。上层平坐似有四周栏杆，平坐两端作向下斜垂之线以代表屋檐，藉此珍罕之例证，已可以考知在此时期，建筑技术之发达至若何成熟水准，秦、汉、唐、宋之规模，在此凝定，后代之基本结构，固已根本成立也。

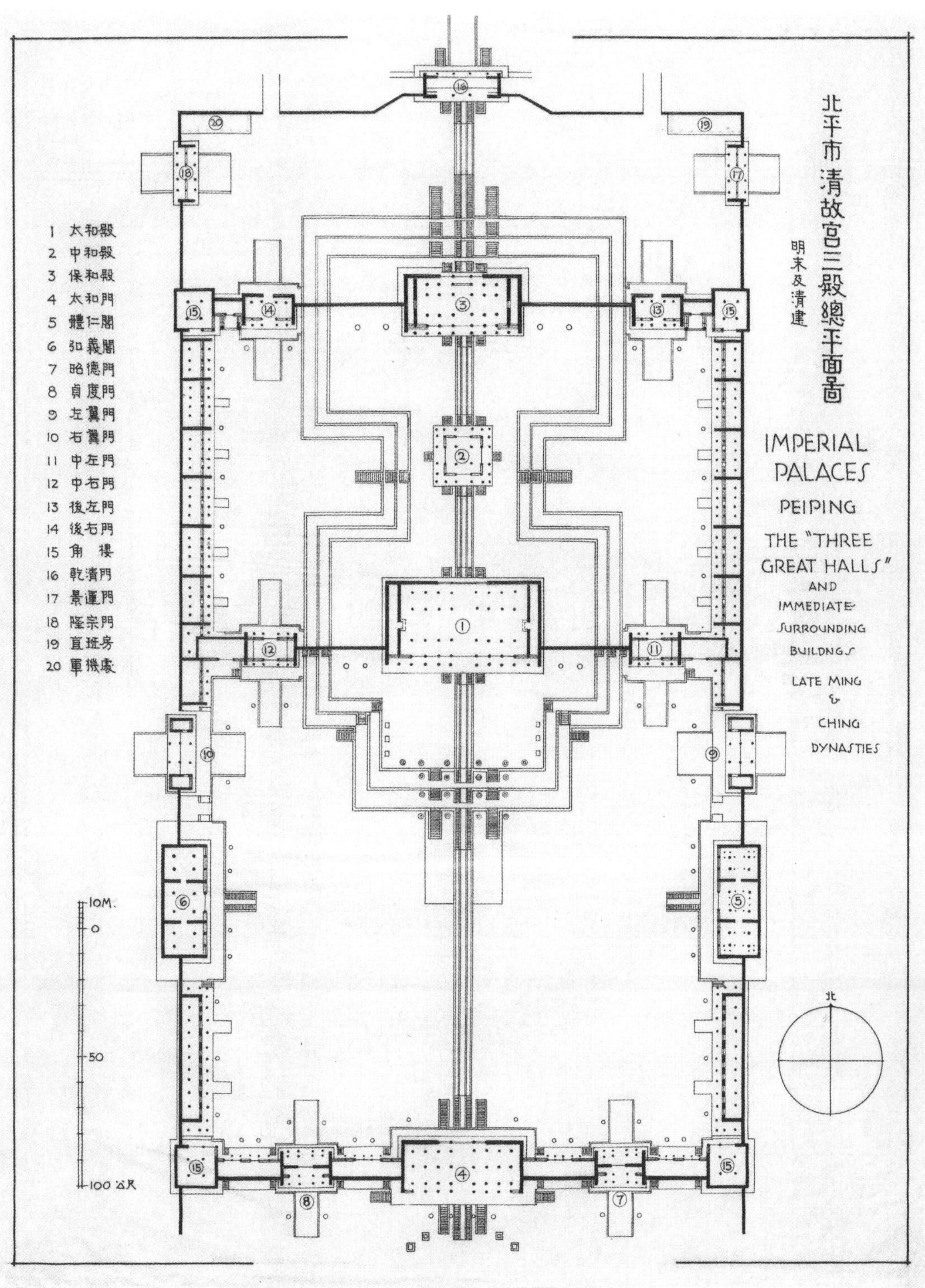
北平市清故宮三殿總平面圖
明末及清建
IMPERIAL PALACES
PEIPING
THE "THREE GREAT HALLS" AND IMMEDIATE SURROUNDING BUILDINGS
LATE MING & CHING DYNASTIES
1 太和殿
2 中和殿
3 保和殿
4 太和門
5 體仁閣
6 弘義閣
7 昭德門
8 貞度門
9 左翼門
10 右翼門
11 中左門
12 中右門
13 後左門
14 後右門
15 角樓
16 乾清門
17 景運門
18 隆宗門
19 直班房
20 軍機處
10M.
0
50
100 公尺
北

清故宫三殿总平面图

清故宫三殿

现存清代建筑物，最伟大者莫如北平故宫。清宫规模虽肇自明代，然现存各殿宇，则多数为清代所建，对照今世界各国之帝皇宫殿，规模之大、面积之广，无与伦比。

故宫四周绕以高厚城垣，曰“紫禁城”。城东西约七百六十公尺，南北约九百六十公尺，其南面更伸出长约六百公尺，宽约一百三十公尺之前庭。前庭之最南端为天安门，即宫之正门也。天安门之内，约二百公尺为端门，横梗前庭中，又北约四百米，乃至午门，即紫禁城之南门也。

紫禁城之全部布局乃以中轴线上之外朝三殿——太和殿、中和殿、保和殿为中心，朝会大典所御也。三殿之后为内庭三宫——乾清宫、交泰殿、坤宁宫，更后则为御花园。中轴线上主要宫殿之两侧，则为多数次要宫殿。此全部宫殿之平面布置，自三殿以至于后宫之任何一部分，莫不以一正两厢合为一院之配合为原则，每组可由一进或多进庭院合成。而紫禁城之内，乃由多数庭院合成者也。此庭院之最大者为三殿。自午门以内，其第一进北面之正中为太和门，其东西两厢则左协和门，右熙和门，形成三殿之前庭。太和门之内北为太和殿，立于三层白玉石陛之上，东厢为体仁阁，西厢为弘义阁，各殿阁间缀以廊屋，合为广大之庭院。与太和殿对称而成又一进之庭院者，则保和殿也。保和殿与太和殿同立于一崇高广大之工字形石陛上，各在一端，而在石陛之中则建平面正方形而较矮小之中和殿，故其四合庭院之形制，不甚显著，其所予人之印象，竟使人不自觉其在四合庭院之中者。然在其基本布置上，仍不出此范围也。保和殿之后则为乾清门，与东侧之景运门，西侧之隆宗门，又合而为一庭院。但就三殿之全局言，则自午门以北，乾清门以南实际上又为一大庭院，而其内更划分为四进者也。此三殿之局，盖承古代前朝后寝之制，殆无可疑。但二者之间加建中和殿者，盖金、元以来柱廊之制之变相欤。

乾清门以北为乾清宫、交泰殿、坤宁宫，即内庭三宫是也。乾清宫之东、西厢为端凝殿与懋勤殿，坤宁宫之东、西厢为景和门与隆福门。坤宁宫之北为坤宁门，以基化门、端则门为其两厢。其全部布署与外朝三殿大致相同，但具体而微。

除三殿、三宫外，紫禁城内，尚有自成庭院之宫殿约三十区，无不遵此“一正两厢”之制为布置之基本原则。内庭三宫之两侧，东西各为六宫，在明代称为“十二宫”，满清之世略有增改，以致不复遥相对称者，可谓为后宫之各“住宅”。各院多为前后两进，罗列如棋盘，但各院与各院之间，各院与三宫之间，在设计上竟无任何准确固定之关系。外朝东侧之文华殿与西侧之武英殿两区，为皇帝讲经、藏书之所。紫禁城之东北部，东六宫之东，为宁寿宫及其后之花园，为高宗禅位后所居，其后慈禧亦居矣。此区规模之大，几与乾清宫相埒。西六宫西之慈宁宫、寿康宫、寿安宫，均为历代母后所居。

就全局之平面布置论，清宫及北平城之布置最可注意者，为正中之南北中轴线。自永定门、正阳门，穿皇城、紫禁城，而北至鼓楼，在长逾七公里半之中轴线上，为一贯连续之大平面布局。自大清门（明之“大明门”，今之“中华门”）以北以至地安门，其布局尤为谨严，为天下无双之壮观。唯当时设计人对于东西贯穿之次要横轴线不甚注意，是可惜耳。

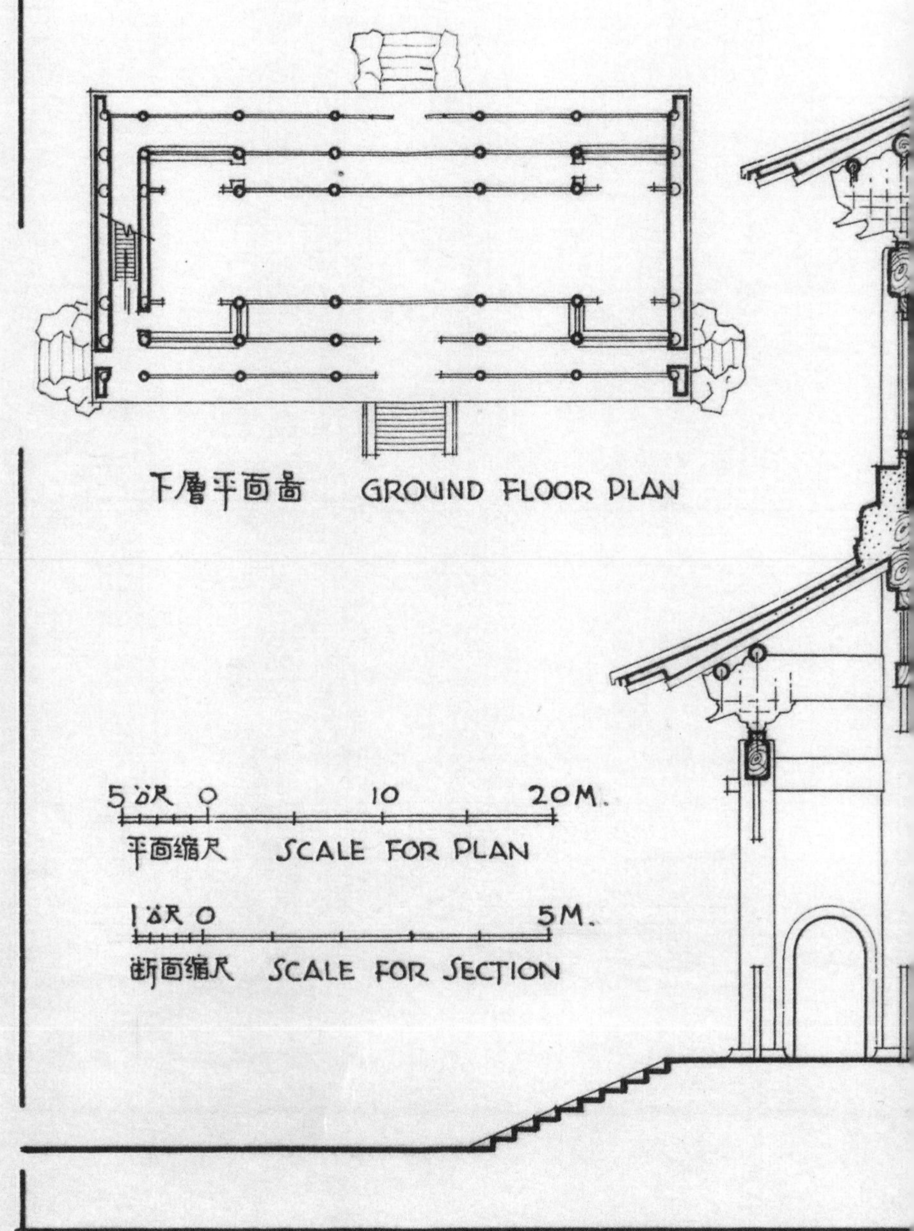
WEN-YUAN KÊ, THE IMPERIAL L
IMPERIAL PALACES, PEIPING, CH'ING DYNAS
下層平面圖 GROUND FLOOR PLAN
5 公尺 0 10 20M.
平面缩尺 SCALE FOR PLAN
1 公尺 0 5M.
断面缩尺 SCALE FOR SECTION

清故宫
文渊阁

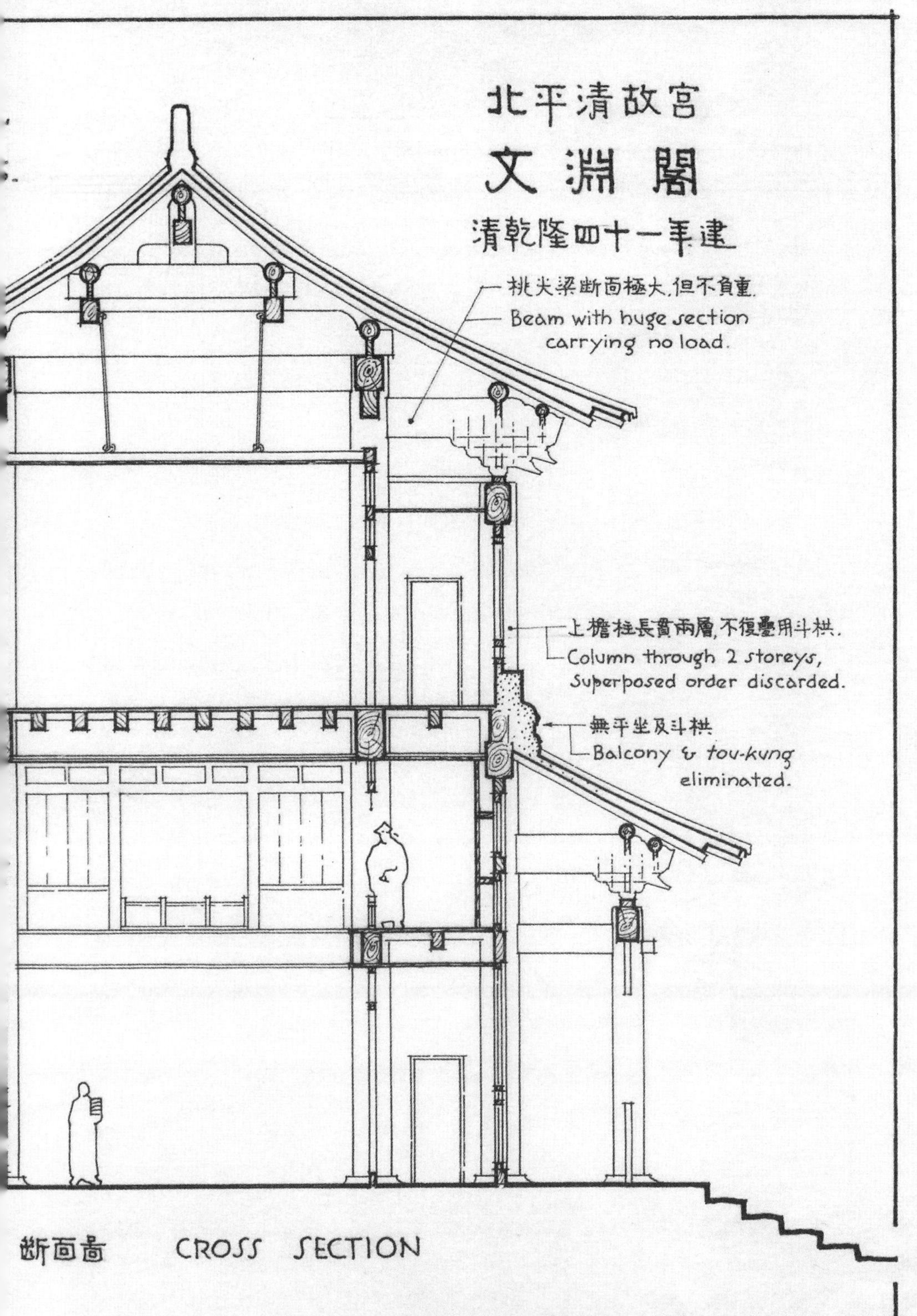
北平清故宫
文渊阁
清乾隆四十一年建
挑尖梁断面極大,但不負重.
Beam with huge section carrying no load.
上檐柱長貫兩層,不復疊用斗栱.
Column through 2 storeys, Superposed order discarded.
無平坐及斗栱
Balcony & tou-kung eliminated.

断面图　CROSS SECTION

清宫建筑之所予人印象最深处，在其一贯之雄伟气魄，在其毫不畏惧之单调。其建筑一律以黄瓦、红墙、碧绘为标准样式（仅有极少数用绿瓦者），其更重要庄严者，则衬以白玉阶陛。在紫禁城中万数千间，凡目之所及，莫不如是，整齐严肃，气象雄伟，为世上任何一组建筑所不及。

三殿　外朝三殿为紫禁城之中心建筑，亦即北平城全局之中心建筑也。三殿及其周围门庑之平面布置已于上文略述，今仅各个分别略述之。

（一）太和殿　平面广十一间，深五间，重檐四阿顶，就面积言，为国内最大之木构物。殿于明初为奉天殿，九楹，后改称皇极殿。明末毁于李闯王之乱。顺治三年（公元 1646 年）重建，康熙八年（公元 1669 年）又改建为十一楹，十八年（公元 1679 年）灾，今殿则康熙三十六年（公元 1697 年）所重建也。殿之平面，其柱之分配为东西十二柱，南北共六行，共七十二柱，排列规整无抽减者，视之宋辽诸遗例，按室内活动面积之需要而抽减改变其内柱之位置者，气魄有余而巧思则逊矣。殿阶基为白石须弥座，立于三层崇厚白石阶上，前面踏道三出，全部镌各式花纹，雕工精绝，殿斗栱下檐为单杪重昂，上檐为单杪三昂。斗栱在建筑物全体上，比例至为纤小，其高尚不及柱高之六分之一，当心间补间铺作增至八朵之多。在梁枋应用上，梁袱断面几近乎正方形，阑额既厚且大，其下更辅以由额，其上仅承托补间铺作一列，在用材上颇不经济，殿内外木材均施彩画，金碧辉煌，庄严美丽。世界各系建筑中，唯我国建筑始有也。

（二）中和殿　在太和殿与保和殿之间，立于工字形三层白玉陛中部之上。其平面作正方形，方五间单檐攒尖顶，实方形之大亭也。殿阶基亦为白石须弥座，前后踏道各三出，左右各一出，亦均雕镂，隐出各式花纹。殿斗栱出单杪双昂，当心间用补间铺作六朵。殿四面无壁，各面均安格子门及槛窗。殿中设宝座，每遇朝会之典，皇帝先在此升座，受内阁、内大臣、礼部等人员行礼毕，乃出御太和殿焉。殿建于顺治二年（公元 1645 年），以后无重建记录，想即清初原构也。

（三）保和殿　为三殿之最后一殿，九楹，重檐九脊顶，为明万历重建建极殿原构。已详前节，兹不赘述。

清宫殿屋不下千数，不能一一叙述，兹谨按其型类各举数例：

（四）大清门　明之大明门，即今之中华门也。为砖砌券洞门，所谓“三座门”者是也。其下部为雄厚壁体，穿以筒形券三，壁体全部涂丹，下段以白石砌须弥座，壁体以上则为琉璃斗栱，上覆九脊顶。此类三座门，见于清宫外围者颇多。今中华门或即明代原构也。

（五）天安门　于高大之砖台上建木殿九间，其砖台则贯以筒形券五道。砖台全部涂丹，下为白石须弥座。其上木构则重檐九脊顶大殿一座。端门、东华门、西华门、神武门皆属此式而略小，其券道则外面作方门，且仅三道而已。

（六）午门　亦立于高台之上，台平面作“凵”字形。中部辟方门三道。台上木构门楼，乃由中部九间，四角方亭各五间，及东西庑各十三间，并正楼两侧庑各三间合成。全部气象庄严雄伟，令人肃然。当年高宗平定准葛尔御此楼受献俘礼，诚堂皇上国之风，使藩属望而生畏也。

（七）太和门　由结构方面着眼，实与九间、重檐、九脊顶大殿无异。所异者仅在前后不作墙壁、格子门，而在内柱间安板门耳。故宫内无数间屋，大小虽或有不同，而其基本形制则与此相同也。

（八）体仁阁、弘义阁　九间两层之木构，其下层周以腰檐，上层为单檐四阿顶。平坐之上周立擎檐柱。两阁在太和殿前，东西相向对峙。此外延春阁、养性斋，南海之翔鸾阁、藻韵楼，北海庆霄楼，皆此型也。

（九）钦安殿　在神武门内御花园。顶上平，用四脊、四角吻，如重檐不用上檐，而只用下檐者，谓之“盝顶”。

（十）文渊阁　在外朝之东、文华殿之后，乾隆四十一年（公元1776年）仿宁波范氏天一阁建，以藏《四库全书》者也。阁两层，但上下两层之间另加暗层，遂成三层；其平面于五间之西端另加一间以安扶梯，遂成六间，以应易大衍郑注“天一生水，地六承之”之义。外观分上下二层，立于阶基之上。下层前后建走廊腰檐；上层栏窗一列，在下层博脊之上；在原则上与天一阁相同，然其全体比例及大木结构皆为《工程做法则例》宫式做法。屋顶不用硬山而用九脊顶，尤与原范相差最甚也。

（十一）雨华阁　为宫内供奉佛像诸殿阁之一。阁三层，平面正方形，但因南端另出抱厦，遂成长方形，南北长而东西狭。第一层深广各三间，并前抱厦深一间，东西另设游廊，第二层深广各三间，第三层则仅一间而已。阁各层檐不用斗栱，柱头饰以蟠龙。最上层顶覆金瓦。其形制与北平黄寺、热河行宫诸多相似之点，为前代所无，盖清代受西藏影响后之特殊作风也。

北平清宫其他殿堂无数，限于篇幅，兹不详论。

第五章

佛寺

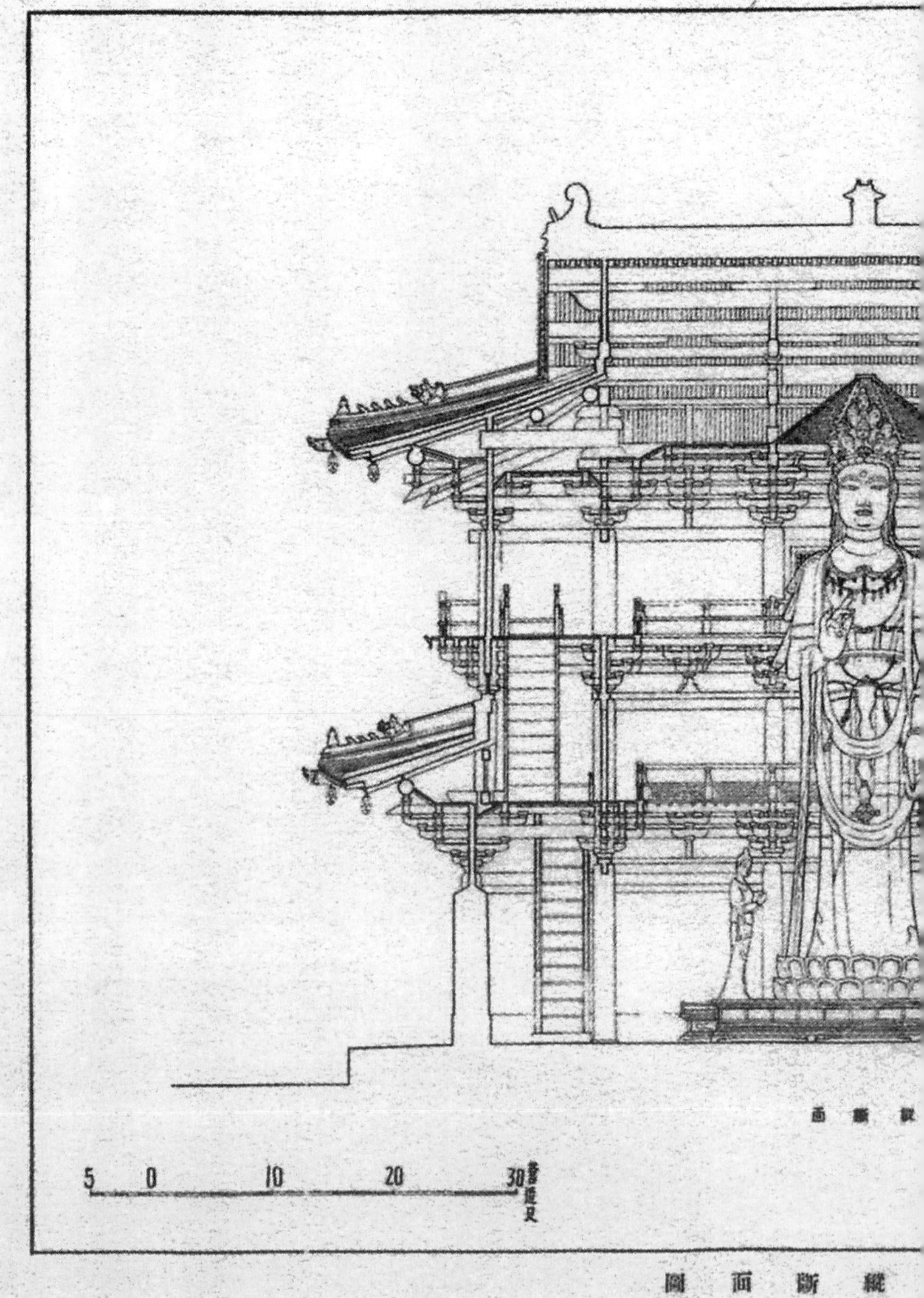

縱斷面圖

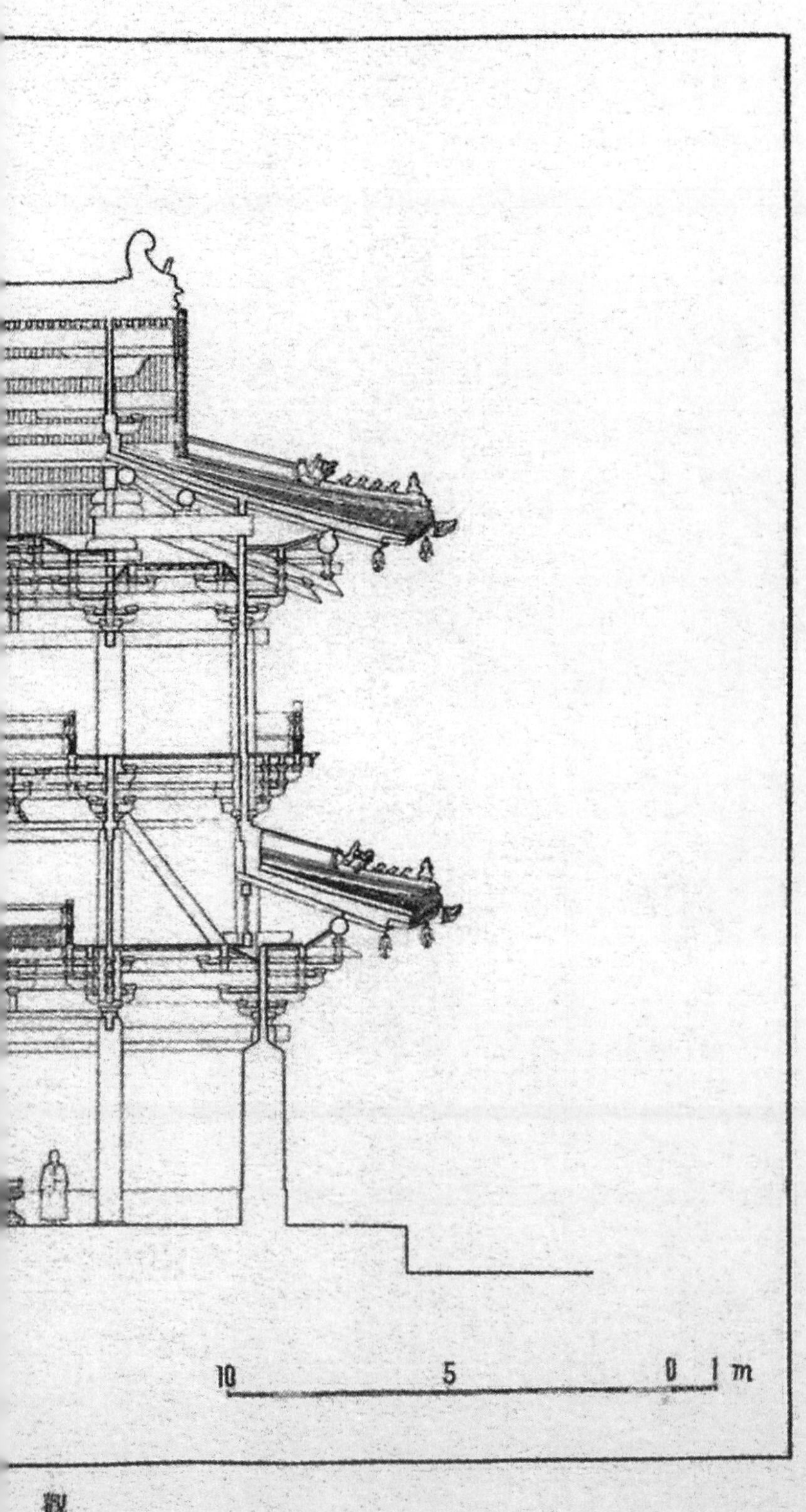

河北蓟县独乐寺
观音阁正面

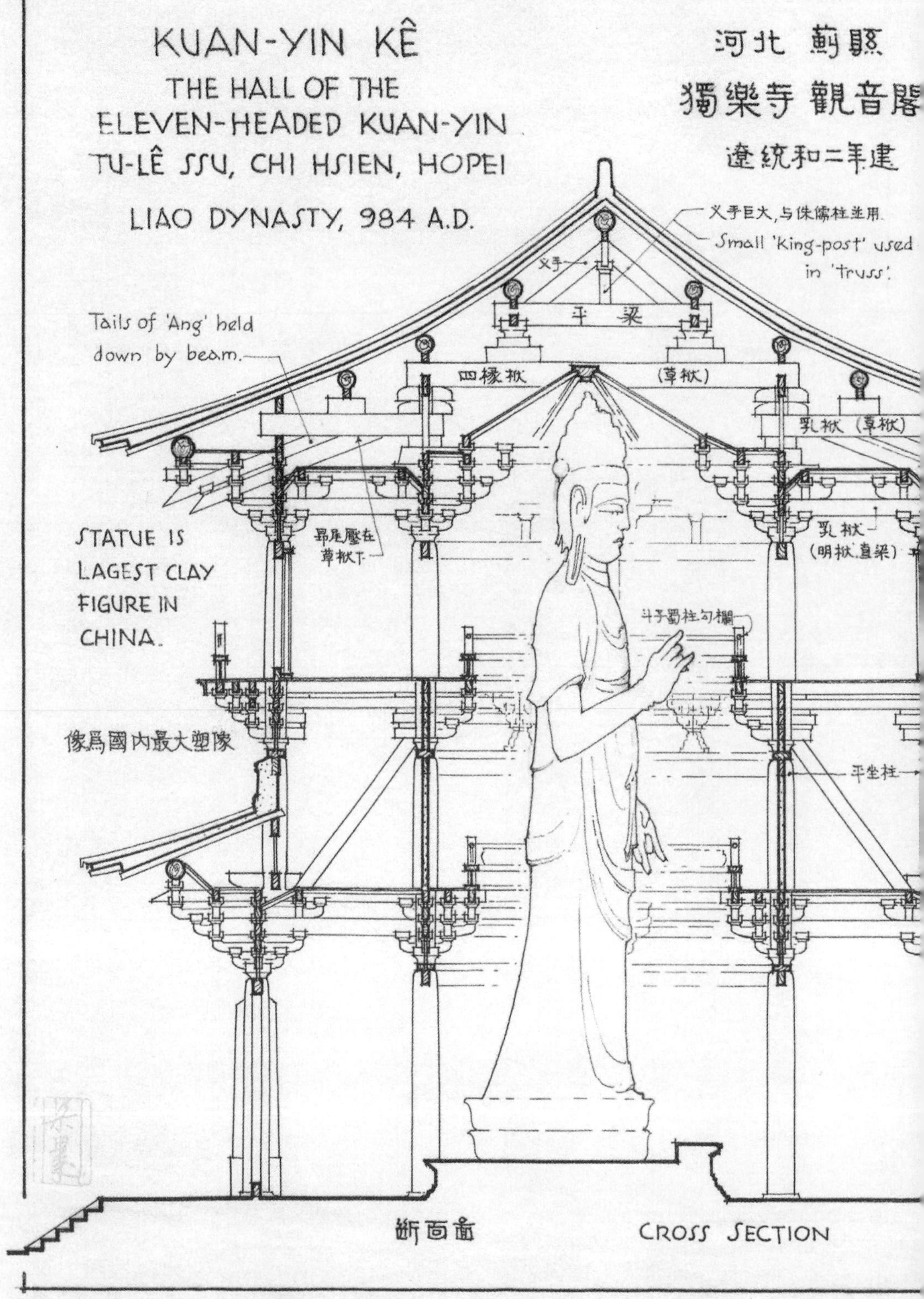
KUAN-YIN KÊ
THE HALL OF THE
ELEVEN-HEADED KUAN-YIN
TU-LÊ SSU, CHI HSIEN, HOPEI
LIAO DYNASTY, 984 A.D.
河北 蓟縣
獨樂寺 觀音閣
遼統和二年建
叉手巨大,与侏儒柱並用.
Small 'King-post' used in 'truss'.
叉手
平梁
Tails of 'Ang' held down by beam.
四椽栿
(草栿)
乳栿 (草栿)
昂尾壓在草栿下
乳栿
(明栿,直梁)
STATUE IS LAGEST CLAY FIGURE IN CHINA.
斗子蜀柱勾欄
像爲國內最大塑像
平坐柱
斷面圖
CROSS SECTION

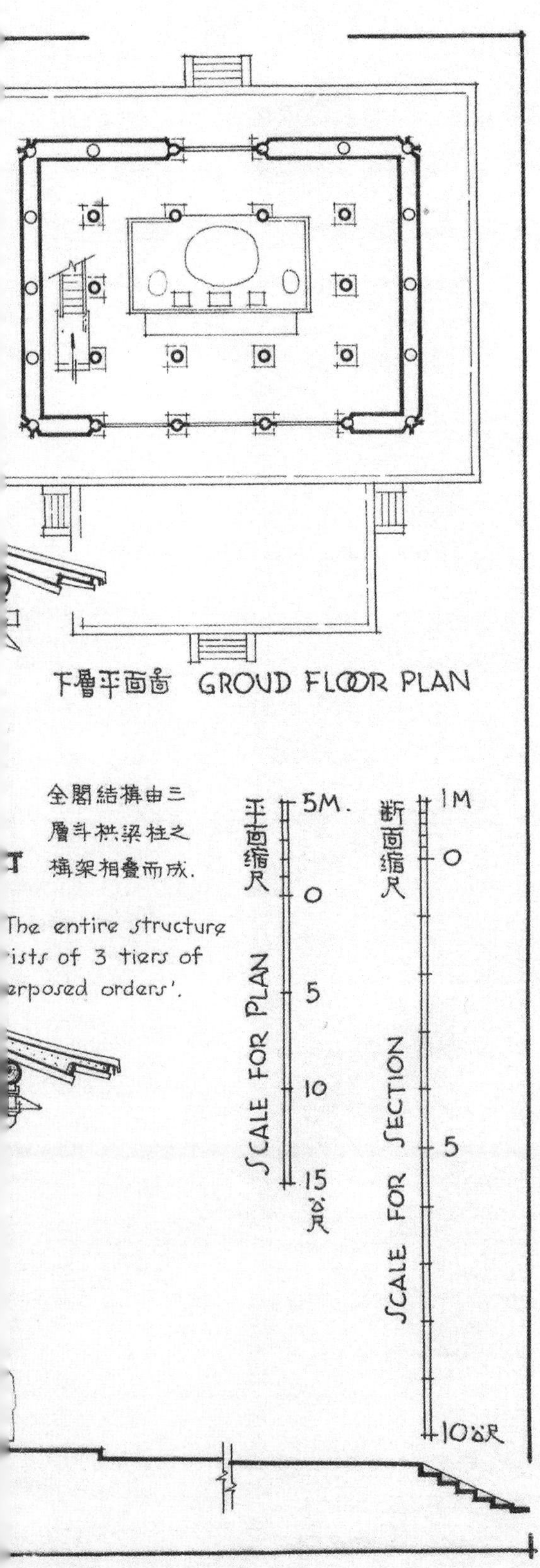
下層平面圖 GROUD FLOOR PLAN
全閣結構由三
層斗栱梁柱之
構架相疊而成.
The entire structure
ists of 3 tiers of
erposed orders'.
平面縮尺
5M.
0
5
10
15
公尺
SCALE FOR PLAN
斷面縮尺
1M
0
5
10公尺
SCALE FOR SECTION

河北蓟县独乐寺观音阁断面图

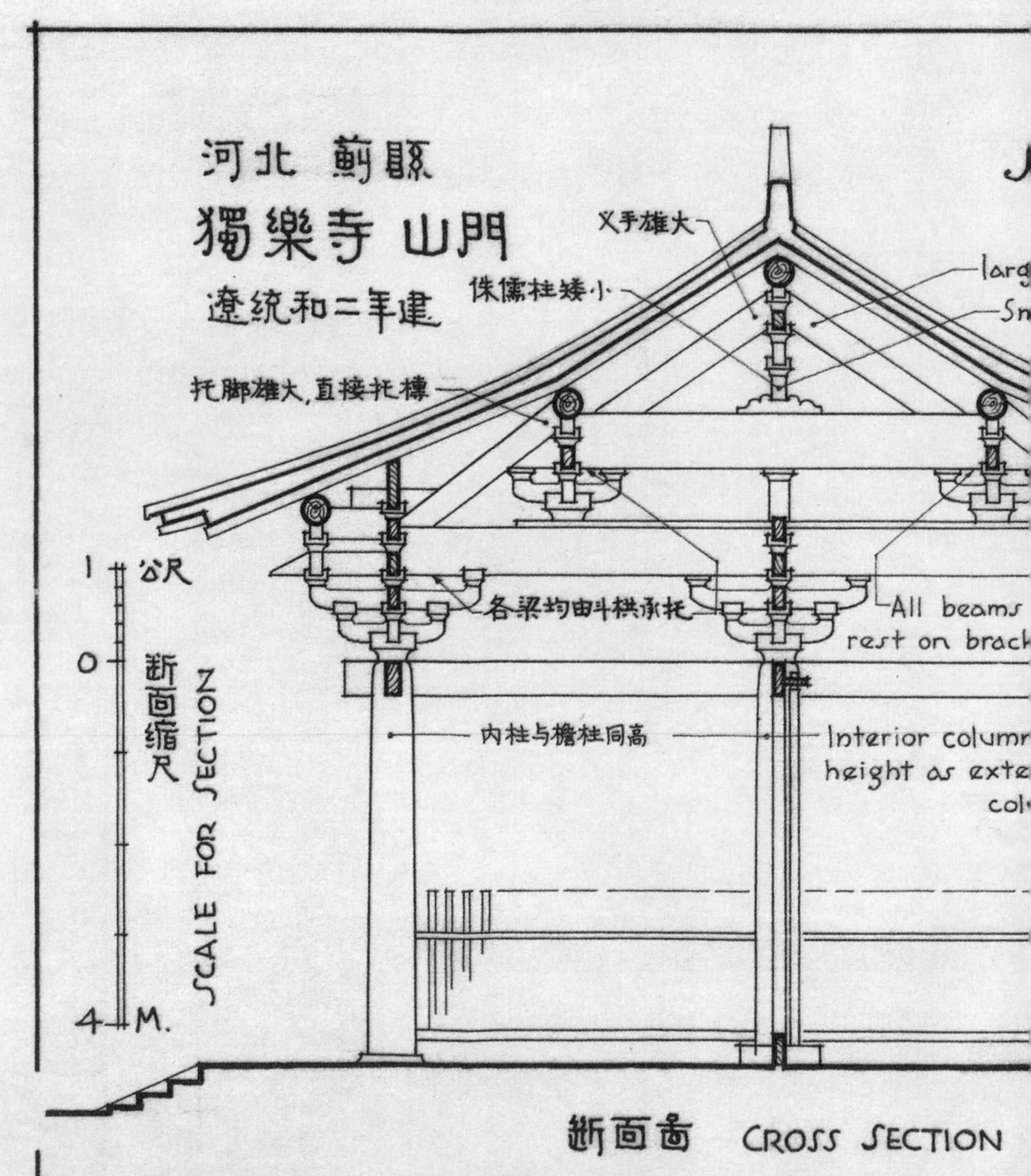

河北 蓟县
獨樂寺 山門
遼統和二年建
叉手雄大
侏儒柱矮小
托脚雄大，直接托槫
各梁均由斗栱承托
All beams
rest on brack
内柱与檐柱同高
Interior colum
height as exte
col
1 公尺
0
4 M.
断面缩尺
SCALE FOR SECTION
断面图 CROSS SECTION

MEN OR MAIN ENTRANCE GATEWAY
TU-LÊ SSU, CHI HSIEN, HOPEI.
LIAO DYNASTY, 984 A.D.
ords"
post."
arge tó-chiao directly
supporting purlin.
平面图
PLAN
公尺 5
0
10M
平面缩尺
SCALE FOR PLAN

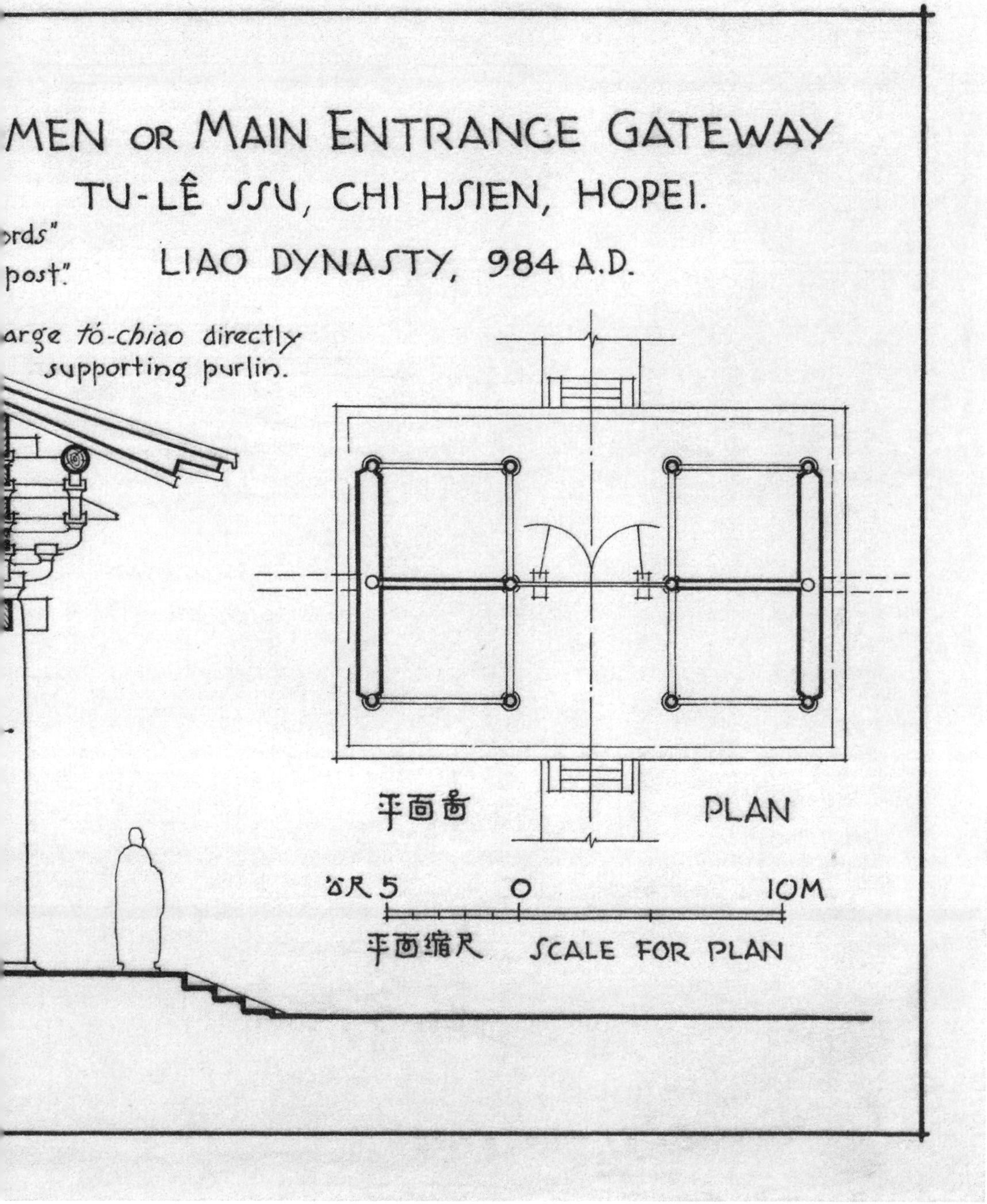

河北蓟县独乐寺山门断面图

河北蓟县独乐寺

寺建于辽圣宗统和二年（宋太宗雍熙元年，公元984年），规模颇为宏大。寺历代屡经重修，清代且以寺东部改建行宫，致现存殿宇唯山门与观音阁为原构。

观音阁上下两主层，并平坐一层，共为三层。阁平面长方形，广五间，深四间，柱之分配为内外二周。阁正中为坛，上立十一面观音塑像；阁层层绕像构建，中层至像股，上层楼板中留六角井至像胸部，下层外檐柱头施四杪重栱铺作，隔跳偷心，仅于第二跳施重栱，第四跳施令栱承替木。第三跳华栱则后尾延长为乳栿，以交于内柱铺作之上。补间则仅在柱头枋隐出重栱形，不出跳。内柱较外柱高一跳，铺作双杪重栱以承中层像阁道；其第二跳华栱后尾，即外檐第三跳华栱后尾所延长而成之乳栿也。内柱铺作之上叉立平坐童柱。第二层为平坐层，介于上下两主层间，如“亭子间”然。其外柱不与下檐柱相直，而略退入，柱头铺作出三杪，内柱则叉立于下层斗栱之上，即所谓“叉柱造”者是，其柱头铺作出两杪。以承上层楼板绕像胸之六角井口。井口之四斜面，以驼峰承补间铺作。上层九脊顶，外柱用双杪双下昂铺作，其第一及第三跳偷心。第二跳华栱后尾为乳栿，昂尾压于草乳栿之下。内柱华栱四杪，亦以第二跳后尾为乳栿。其第四跳上承四椽栿以承斗八藻井。阁所用斗栱与佛光寺大殿相似之点甚多，但所用梁栿均为直梁而非月梁。除佛光寺大殿外，此阁与山门乃国内现存最古之木构，年代较佛光寺大殿后一百二十七年。十一面观音像高约十六米，为国内最大之塑像，与两侧胁侍菩萨像均为辽代原塑，富于唐末作风。

山门在观音阁之前，广三间，深两间，单层四注顶。其与敦煌壁画中建筑之相似，亦极显著，其平面长方形，前后共用柱三列，柱头铺作出双杪，第一跳华栱偷心，第二跳跳头施令栱，后尾亦出双杪偷心，以承檐栿。檐栿中段则由中柱上双杪铺作承托，其补间铺作，以短柱立于阑额上，外出华栱两跳，以承橑檐槫，内出四跳，以承下平槫。其转角铺作后尾亦出华栱五跳，以承两面下平槫之相交点，山门不施平闇，即《营造法式》所谓“彻上露明造”者，故所有梁架斗栱，结构毕露，条理井然。檐栿之上，以斗栱支撑平梁；平梁上立侏儒柱及叉手以承脊槫。在结构方面言，此山门实为运用斗栱至最高艺术标准之精品。山门四注屋顶，正脊两端之鸱吻两尾翘转向内，为五代宋初特有之作风。大同华严寺辽重熙七年（公元 1038 年）薄伽教藏内壁藏之鸱吻形制亦与此完全相同。

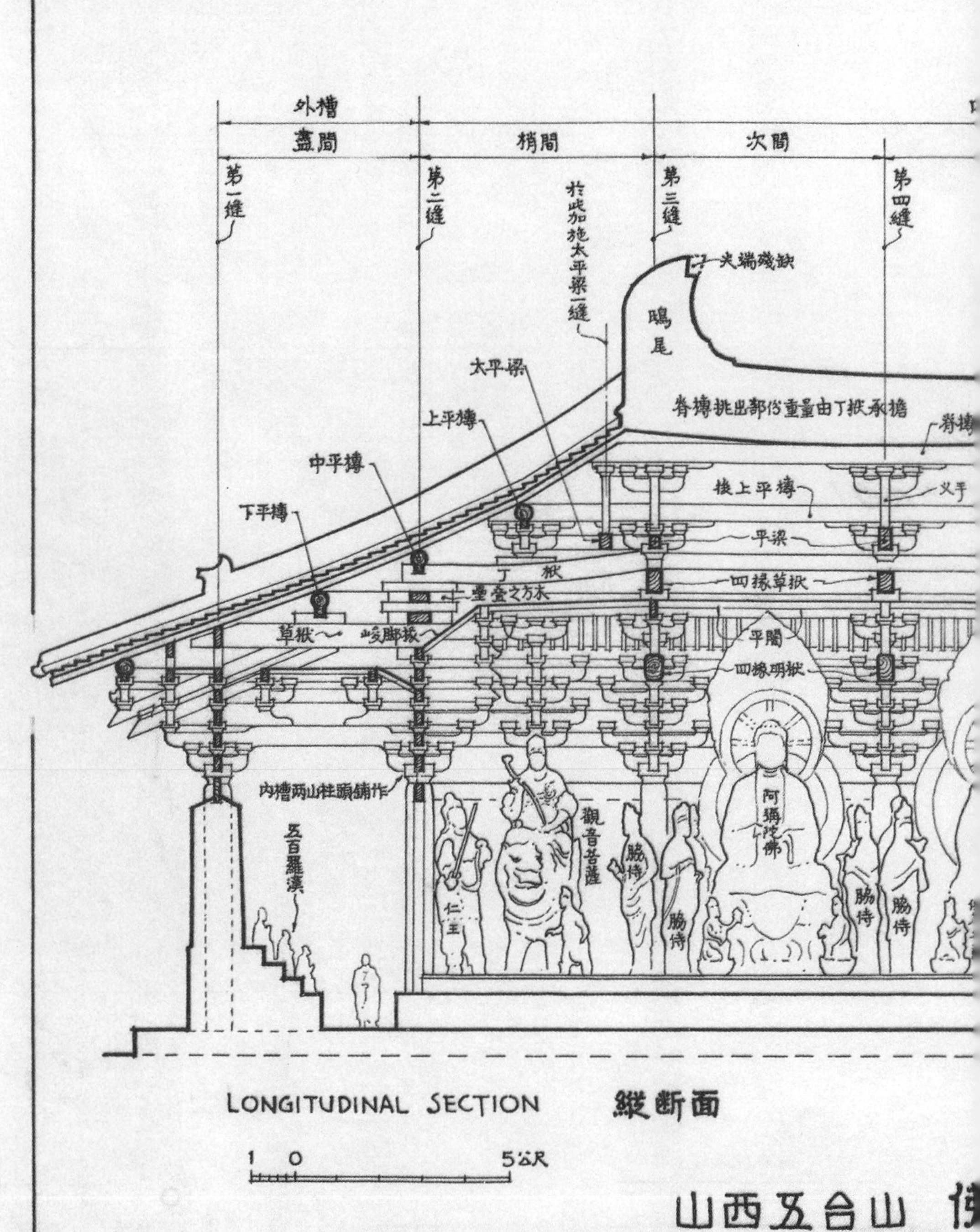

山西五台山 佛

MAIN HALL OF FO-KUANG

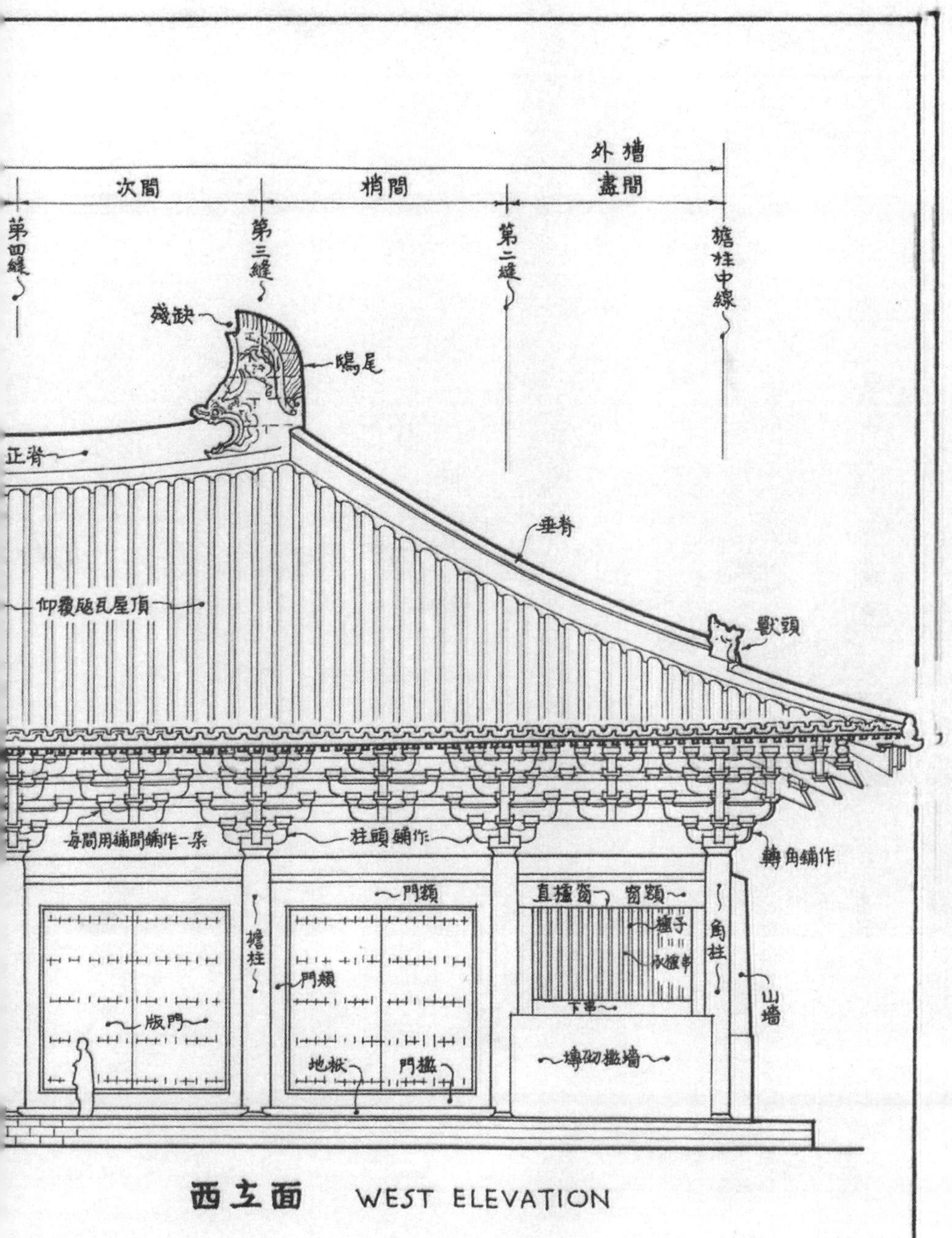

西立面 WEST ELEVATION

·大殿 唐大中十一年建 857 A.D.

WU-T'AI SHAN · SHANSI

山西五台山佛光寺大雄宝殿立面及纵剖面图

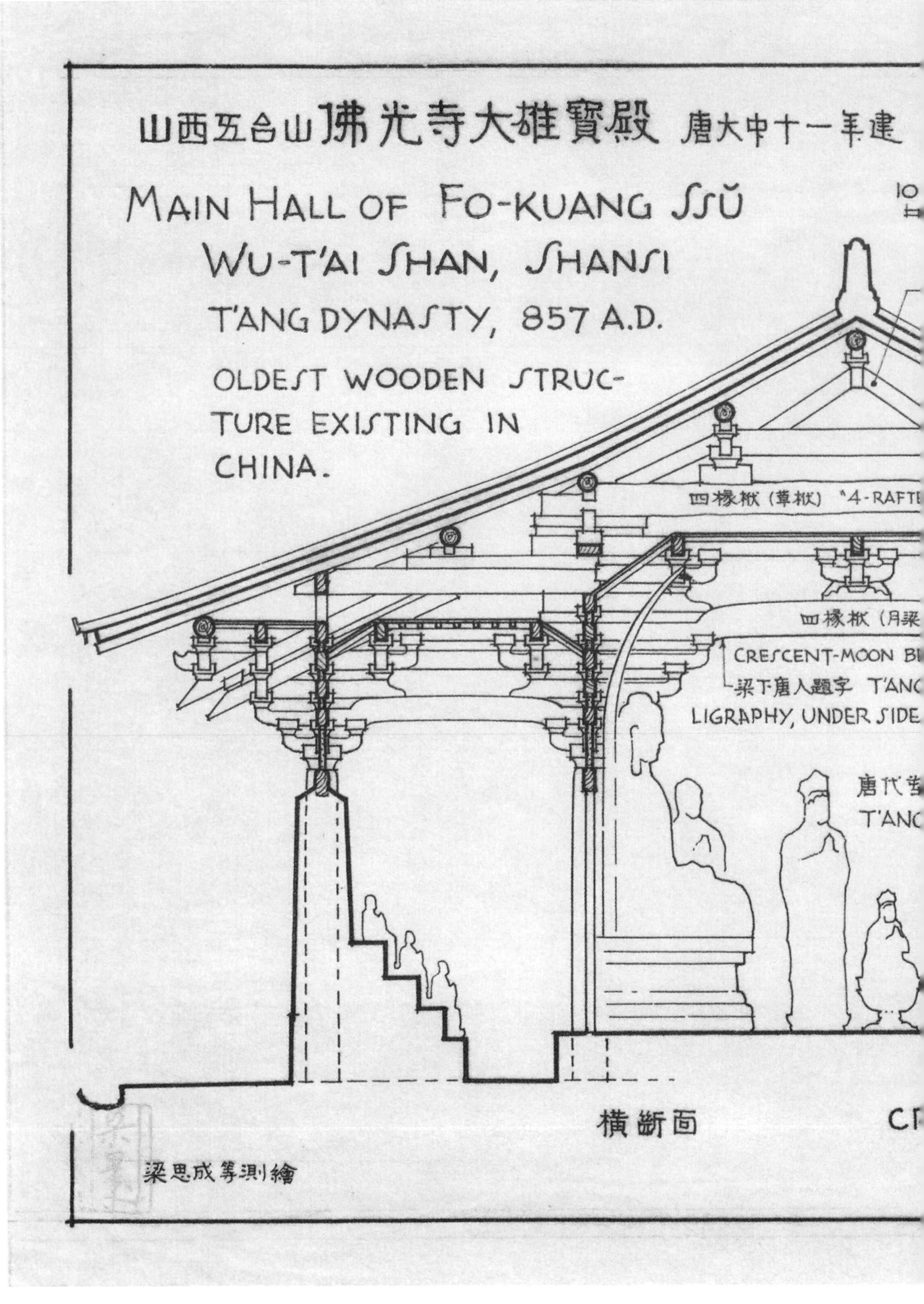

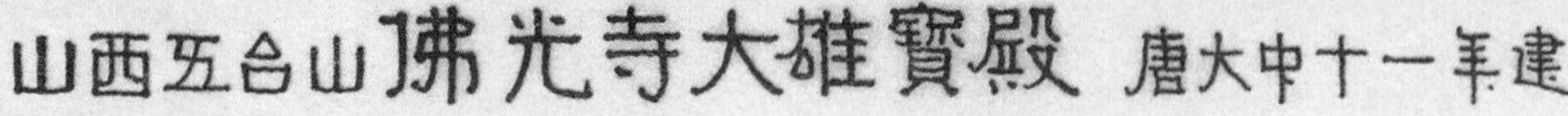

MAIN HALL OF FO-KUANG SSŬ
WU-T'AI SHAN, SHANSI
T'ANG DYNASTY, 857 A.D.

OLDEST WOODEN STRUCTURE EXISTING IN CHINA.

四椽栿（草栿） "4-RAFTE

四椽栿（月梁

CRESCENT-MOON B

梁下唐人題字 T'ANC

LIGRAPHY, UNDER SIDE

唐代塑

T'ANC

橫斷面

CI

梁思成等測繪

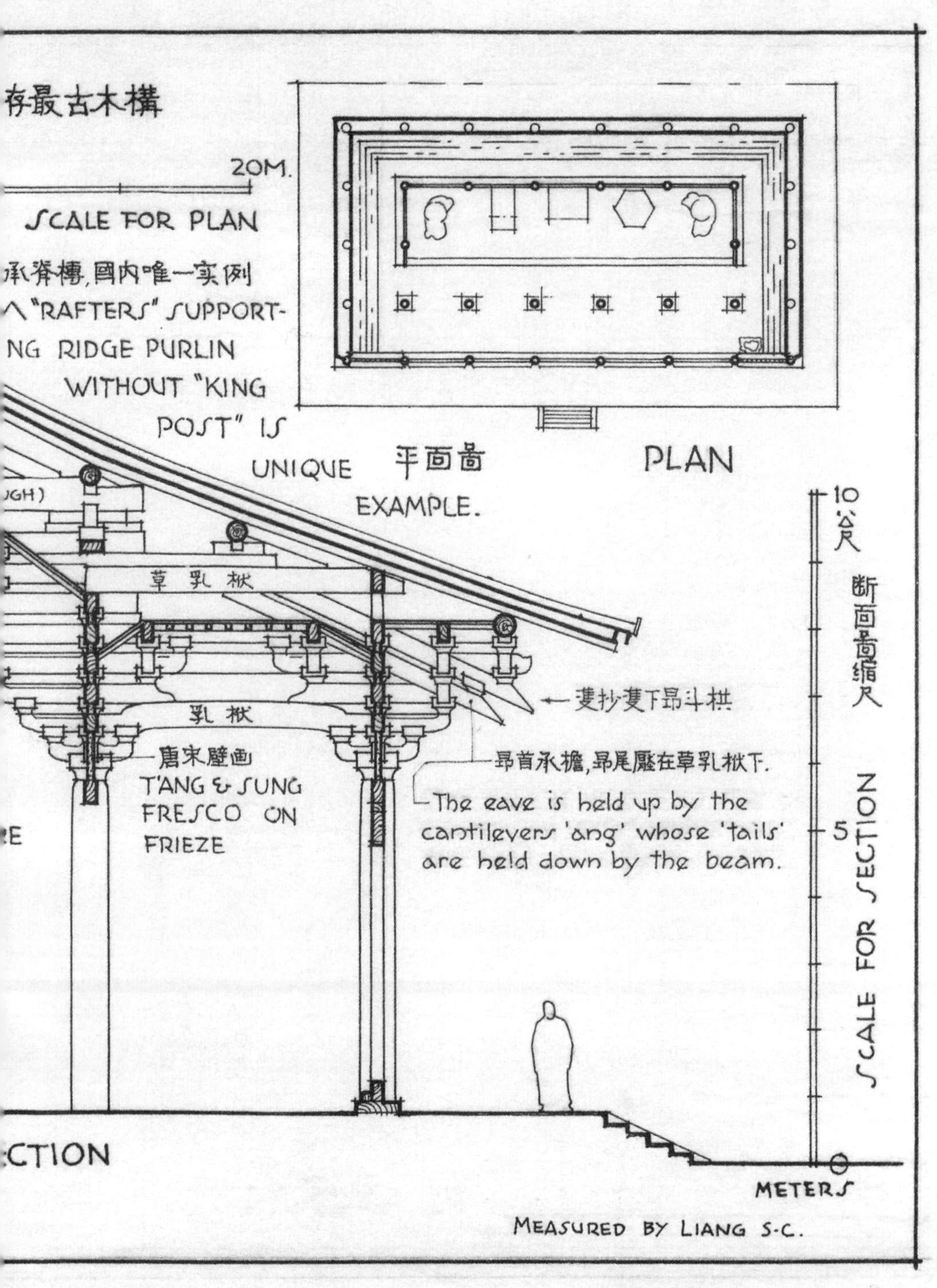
存最古木構
20M.
SCALE FOR PLAN
承脊槫,國内唯一实例
八"RAFTERS" SUPPORT-
NG RIDGE PURLIN
WITHOUT "KING
POST" IS
UNIQUE
EXAMPLE.
平面圖
PLAN
草乳栿
乳栿
雙抄雙下昂斗栱
唐宋壁画
T'ANG & SUNG
FRESCO ON
FRIEZE
昂首承檐,昂尾壓在草乳栿下.
The eave is held up by the
cantilevers 'ang' whose 'tails'
are held down by the beam.
10
公尺
断面圖縮尺
5
SCALE FOR SECTION
0
METERS
CTION
MEASURED BY LIANG S-C.

山西五台山佛光寺大雄宝殿平面及剖面图

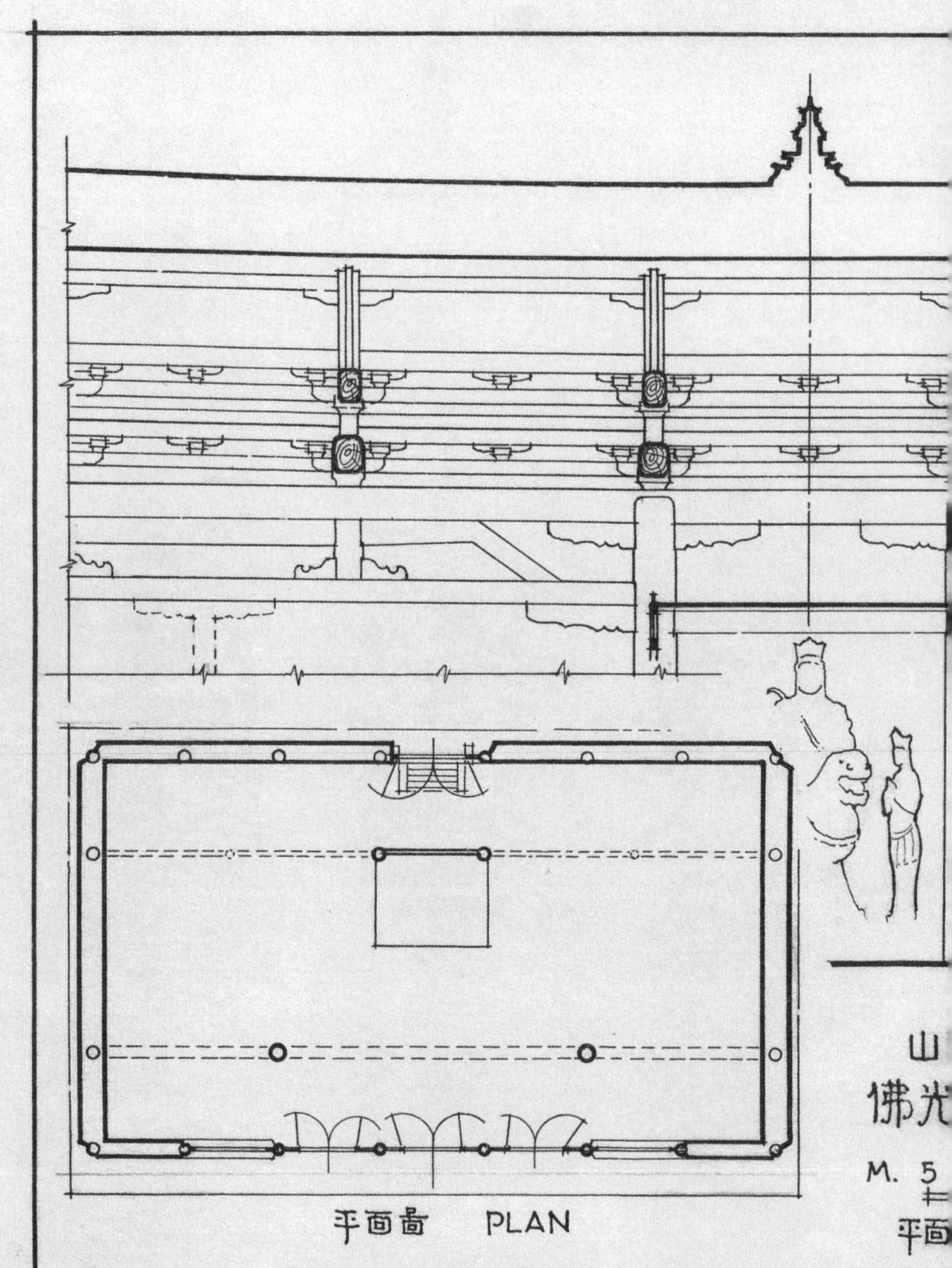
平面圖 PLAN
山
佛光
M. 5
平面

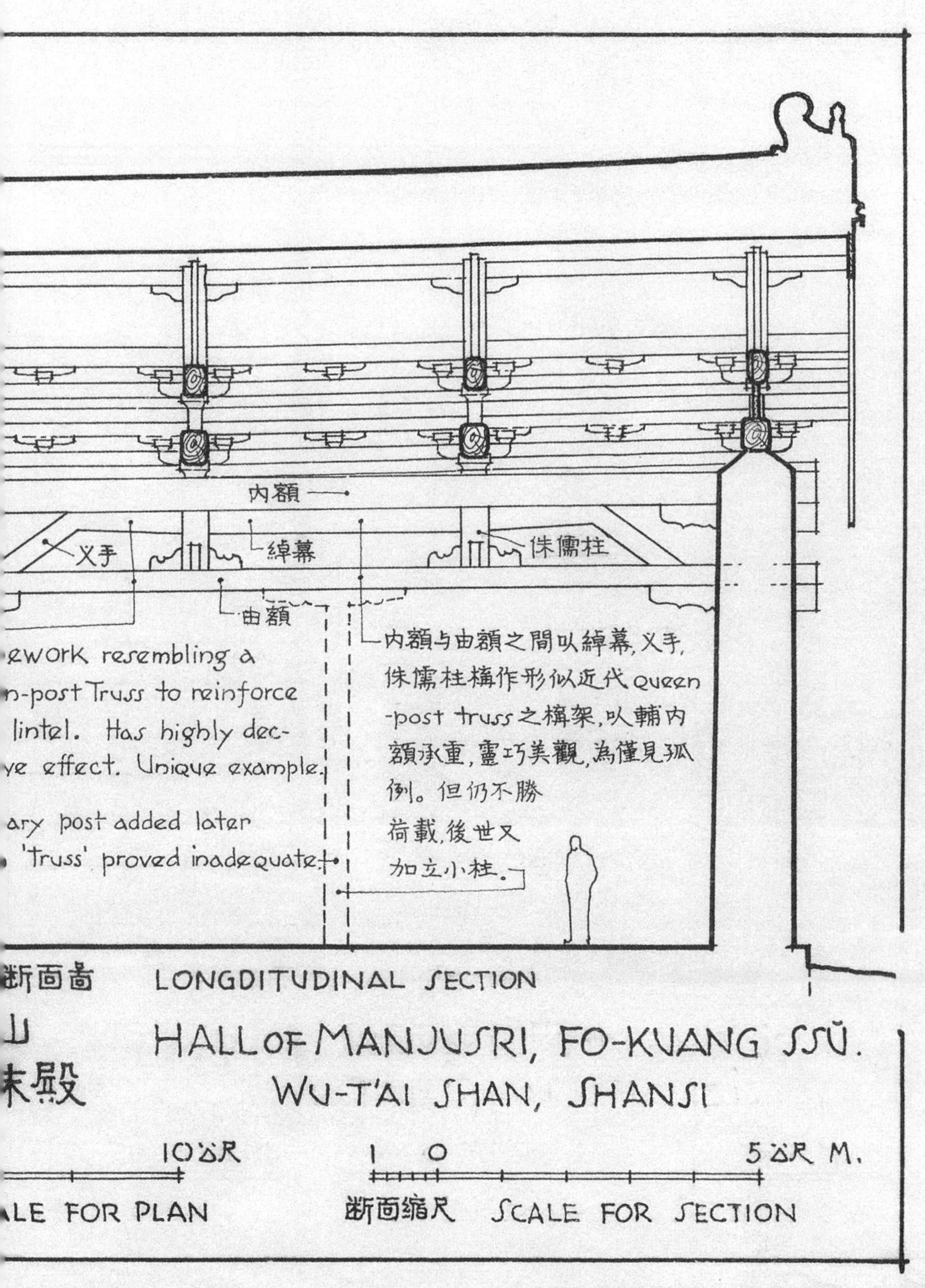
内額
叉手
綽幕
侏儒柱
由額
ework resembling a
n-post Truss to reinforce
lintel. Has highly dec-
ve effect. Unique example.
ary post added later
'truss' proved inadequate
内額与由額之間以綽幕,叉手,
侏儒柱構作形似近代queen
-post truss之構架,以輔内
額承重,靈巧美觀,為僅見孤
例。但仍不勝
荷載,後世又
加立小柱。
断面圖 LONGDITUDINAL SECTION
山
殊殿
HALL OF MANJUSRI, FO-KUANG SSŪ.
WU-T'AI SHAN, SHANSI
10公尺
1 0
5公尺 M.
ALE FOR PLAN
断面縮尺 SCALE FOR SECTION

山西五台山佛光寺文殊殿平面及纵剖面图

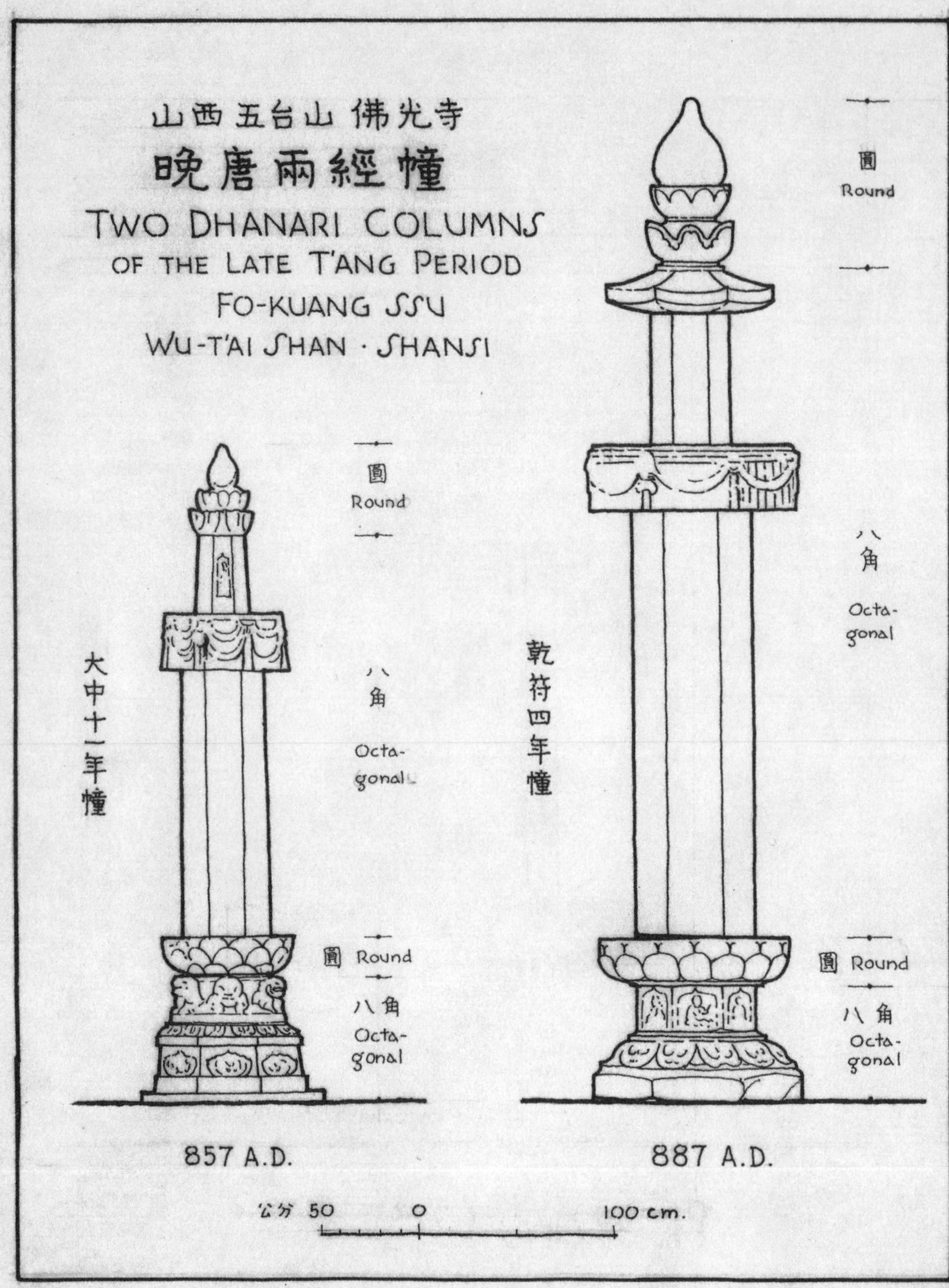

山西五台山佛光寺晚唐两经幢

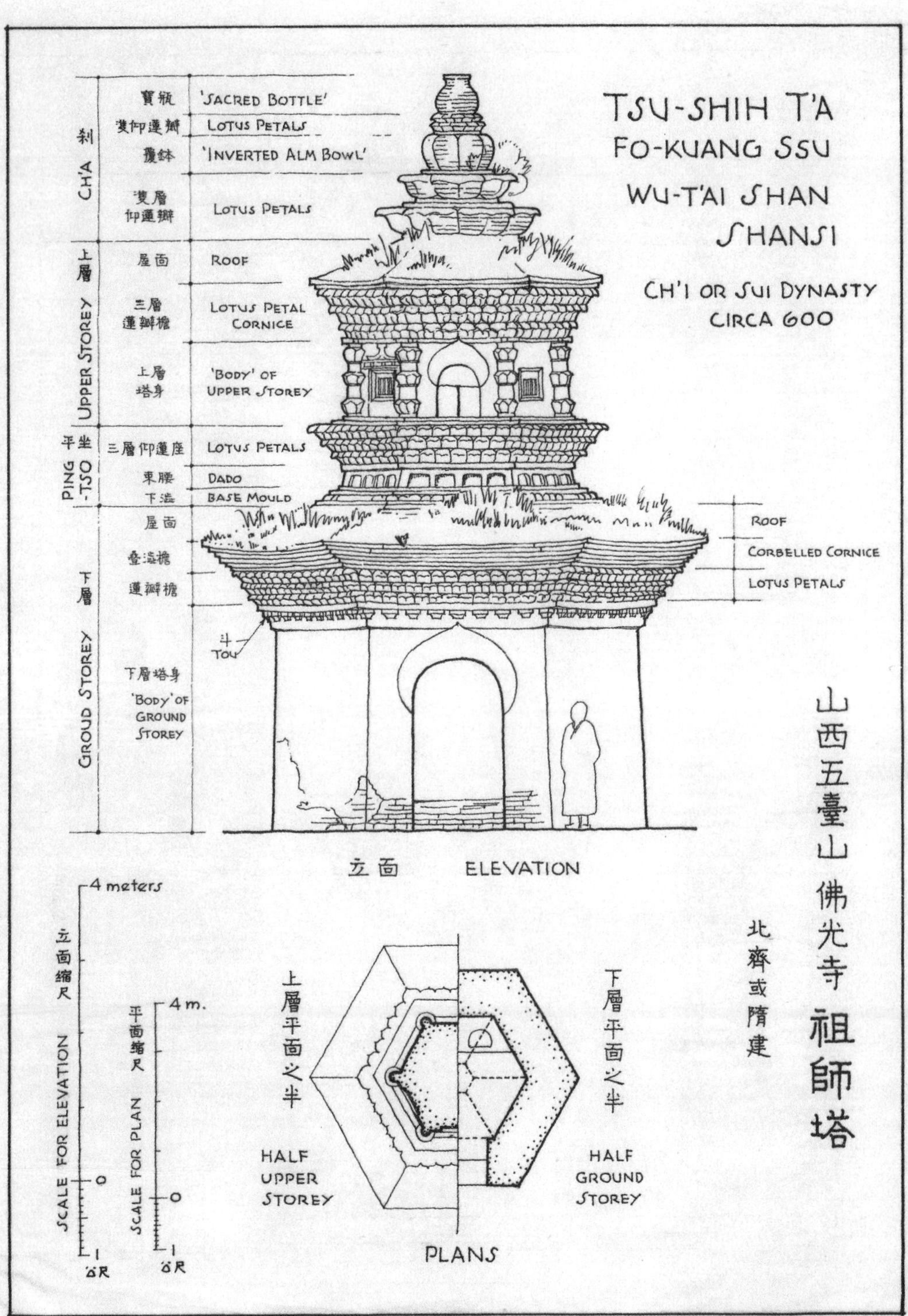

山西五台山佛光寺祖师塔

山西五台山佛光寺

唐代木构之得保存至今，而年代确实可考者，唯山西五台山佛光寺大殿一处而已。寺于唐代为五台大刹之一，见于敦煌壁画五台山图，榜曰“大佛光之寺”。其位置在南台之外，为后世朝山者所罕至，烟火冷落，寺极贫寒，因而得幸免重建之厄。

寺史无可考，在今大殿之左侧有塔一座，以形制论为北魏遗物，藉以推想，寺之创建当在魏朝。此外仅知唐宪宗元和（公元 806—820 年）中，寺僧法兴曾建“三层七间弥勒大阁，高九十五尺，尊像七十二位，圣贤八大龙王，罄从严饰”。今寺中并无此阁，而在山坡之上者乃单层大殿七间。殿建于宣宗大中十一年（公元 857 年），为国内现存最古之木构物。盖弥勒大阁功毕仅三十余年，即遭会昌灭法之厄，今存大殿乃宣宗复兴佛法后所建，揆之寺中地势，今殿所在或即阁之原址，殿之建立人为“佛殿主上都送供女弟子宁公遇”，为阉官“故右军中尉王”（守澄）建造，其名均见于殿内梁下及殿前大中十一年经幢。

一、佛光寺大殿

殿平面广七间，深四间。其柱之分配为内外两周。外檐柱上施双杪双下昂斗栱。第二杪后尾即为内外柱间之明乳栿，为月梁形，其双层昂尾压于草乳栿之下。内柱之上施四杪斗栱，以承内槽之四椽明栿，栿亦为月梁。补间铺作每间一朵，至为简单。各明栿之上施方格平闇。平闇之上另施草栿以承屋顶。平梁之上，以叉手相抵作人字形，以承屋脊，而不用后世通用之侏儒柱。此法见于敦煌壁画中。而实物则仅此一例而已。除殿本身为唐代木构外，殿内尚有唐塑佛菩萨像数十尊，梁下有唐代题名墨迹，栱眼壁有唐代壁画。此四者一已称绝，而四艺集于一殿，诚我国第一国宝也。

柱及柱础　佛光寺大殿柱为现存唐柱之唯一确实可考者。其檐柱内柱均同高，高约为柱下径之九倍强。柱身唯上端微有卷杀，柱头紧杀作覆盆状。其用柱之法，则生起与侧脚二法皆极显著，与宋《营造法式》所规定者约略相同。

门窗　佛光寺大殿门扇为板门，每扇钉门钉五行；门钉铁制，甚小，恐非唐代原物。慧崇塔、净藏塔及栖霞寺塔上假门亦均有门钉，千余年来仍存此制。

佛光寺大殿两梢间窗为直棂窗，净藏塔及香积寺塔上假窗，亦为此式，元、明以后，此式已少见于重要大建筑上，但江南民居仍沿用之。

斗栱

（一）双杪双下昂　何晏《景福殿赋》有“飞昂鸟踊”之句，是至迟至三国已有昂矣。佛光寺大殿柱头铺作出双杪双下昂，为昂之最古实例。其第一、第三两跳偷心。第二跳华栱跳头施重栱，第四跳跳头昂上令栱与耍头相交，以承替木及橑檐槫。其后尾则第二跳华栱伸引为乳栿，昂尾压于草栿之下。其下昂嘴斜杀为批竹昂。敦煌壁画所见多如此，而在宋代则渐少见，盖唐代通常样式也。转角铺作于角华栱及角昂之上，更出由昂一层，其上安宝瓶以承角梁，为由昂之最古实例。

（二）四杪偷心　佛光寺大殿内柱出华栱四跳以承内槽四椽栿，全部偷心，不施横栱，其后尾与外檐铺作相同。木构斗栱以佛光寺大殿为最古实例。此时形制已标准化，与辽、宋实物相同之点颇多。

构架

（一）内外柱同高　佛光寺内柱与外柱完全同高，内部屋顶举折，均由梁架构成。不若后代将内柱加高。然佛光寺为一孤例，加高做法想亦为唐代所有也。

（二）举折　佛光寺大殿屋顶举高仅及前、后橑檐枋间距离之五分之一强，其坡度较后世屋顶缓和甚多。其下折亦甚微。

（三）明栿与草栿之分别　佛光寺大殿斗栱上所承之梁皆为月梁，其中部微拱起如弓，亦如新月，故名。后世亦沿用此式，至今尚通行于江南。其在此殿中，月梁仅承平闇之重，谓之“明栿”。平闇之上，另有梁架，不加卷杀修饰，以承屋盖之重，谓之“草栿”，辽宋实物亦有明栿以上另施草栿者；明清以后，则梁均为荷重之材，无论有无平闇，均无明栿、草栿之别矣。

（四）月梁《西都赋》有“抗应龙之虹梁”，谓其梁曲如虹，故知月梁之用，其源甚古，佛光寺大殿明栿均用月梁，其梁首之上及两肩均卷杀，梁下中，为月梁最古实例。其形制与宋《营造法式》所规定大致相同。

（五）大叉手　佛光寺大殿平梁之上不立侏儒柱以承脊槫，而以两叉手相抵，如人字形斗栱。宋、辽实物皆有侏儒柱而辅以叉手，明、清以后则仅有侏儒柱而无叉手。敦煌壁画中有绘未完之屋架者，亦仅有叉手而无侏儒柱，其演变之程序，至为清晰。

藻井　佛光寺大殿平闇用小方格，日本同时期实物及河北蓟县独乐寺辽观音阁平闇亦同此式。敦煌唐窟多作盝顶，其四面斜坡画作方格，中部多正形，抹角逐层叠上，至三层、五层不等。

角梁及檐椽　佛光寺大殿角梁两重，其大角梁安于转角铺作之上，由昂上并以八角形瘦高宝瓶承托角梁，角梁头卷杀作一大瓣，子角梁甚短，恐已非原状。

佛光寺大殿檐部只出方椽一层，椽头卷杀，但无飞椽。想原有檐部已经后世改造，故飞椽付之缺如。至角有翼角椽，如后世通用之法。大雁塔楣石所画，则用椽两层，下层圆椽，上层方飞椽，有显著之卷杀。椽与角梁相接处，不见有生头木之使用。

屋顶　除佛光寺大殿四阿顶一实物外，见于间接资料者，尚有九脊、攒尖两式，"不厦两头"则未见，然既见于汉、魏，亦见于宋、元以后，则想唐代不能无此式也。九脊屋顶收山颇深，山面三角部分施垂鱼，为至今尚通用之装饰。四角或八角形亭或塔顶，均用攒尖屋顶，各垂脊会于尖部，其上立刹或宝珠。

瓦及瓦饰　佛光寺大殿现存瓦已非原物，故唐代屋瓦及瓦饰之形制，仅得自间接资料考之。筒瓦之用极为普遍，雁塔楣石所见尤为清晰，正脊两端鸱尾均曲向内，外沿有鳍状边缘，正中安宝珠一枚，以代汉、魏常见之凤凰。正脊、垂脊均以筒瓦覆盖，其垂脊下端微翘起，而压以宝珠。屋檐边线，除雁塔楣石所画，至角微翘外，敦煌壁画所见则全部为直线，实物是否如此尚待考也。

雕饰　雕饰部分可分为立体、平面两种，立体者为雕塑品，平面者为画、屋顶雕饰，仅得见于间接资料，顷已论及。石塔券形门有雕火珠形券面者，至于平面装饰，最重要者莫如壁画。《历代名画记》所载长安洛阳佛寺、道观几无壁画者，如吴道子、尹琳之流，名手辈出。今敦煌千佛洞中壁画，可示当时壁画之一般。今中原所存唐代壁画，则仅佛光寺大殿内栱眼壁一小段耳。

二、佛光寺文殊殿

在山西五台县豆村附近，殿建立确实年代无可考，揆之形制，似属宋初。其平面广七间，深四间。因内柱之减少，增加内额之净跨，而产生特殊之构架，为此殿之最大特征，内柱计两列，均仅二柱。前一列二柱将殿内长度分为中段三间，左右段各二间之距离。后一列二柱则仅立于当心间平柱地位，左右则各为三间之长距离，盖减少内柱，可以增大内部无阻碍物之净面积也。此长达三间（约十三米）之净跨上，须施长内额以承梁架两缝。但因额力不足，于是工师于内额之下约一米处更施类似由额之辅额一道。主额与辅额之间以枋、短柱、合、斜柱等联络，型成略似近代 Truss 之构架，至为特殊。在设计及功用上虽不能称为成功之作，然在现存实物中，仅此一孤例，亦可贵也，殿悬山造，宋代实物中所不常见，檐下斗栱，除正面出跳外，并出四十五度之斜栱。

三、佛光寺塔

佛光寺大殿之侧有六角砖塔一座，寺僧称祖师塔。塔高两层。下层正面辟圆券门，券面作宝珠形栱。下层塔身之上，叠涩出檐，作莲瓣形。其上为须弥座。座上立上层塔身，其每隅立一圆倚柱，每柱束以莲花三道。正面砌作圆券假门，券面亦砌宝珠形状；两侧假窗，方首直棂。窗上柱间，赭色彩画阑额及人字形补间铺作。塔顶刹上宝瓶，虽稍残破，形制尚极清晰。塔虽无建造年月，揆之形制，当为魏齐间物。

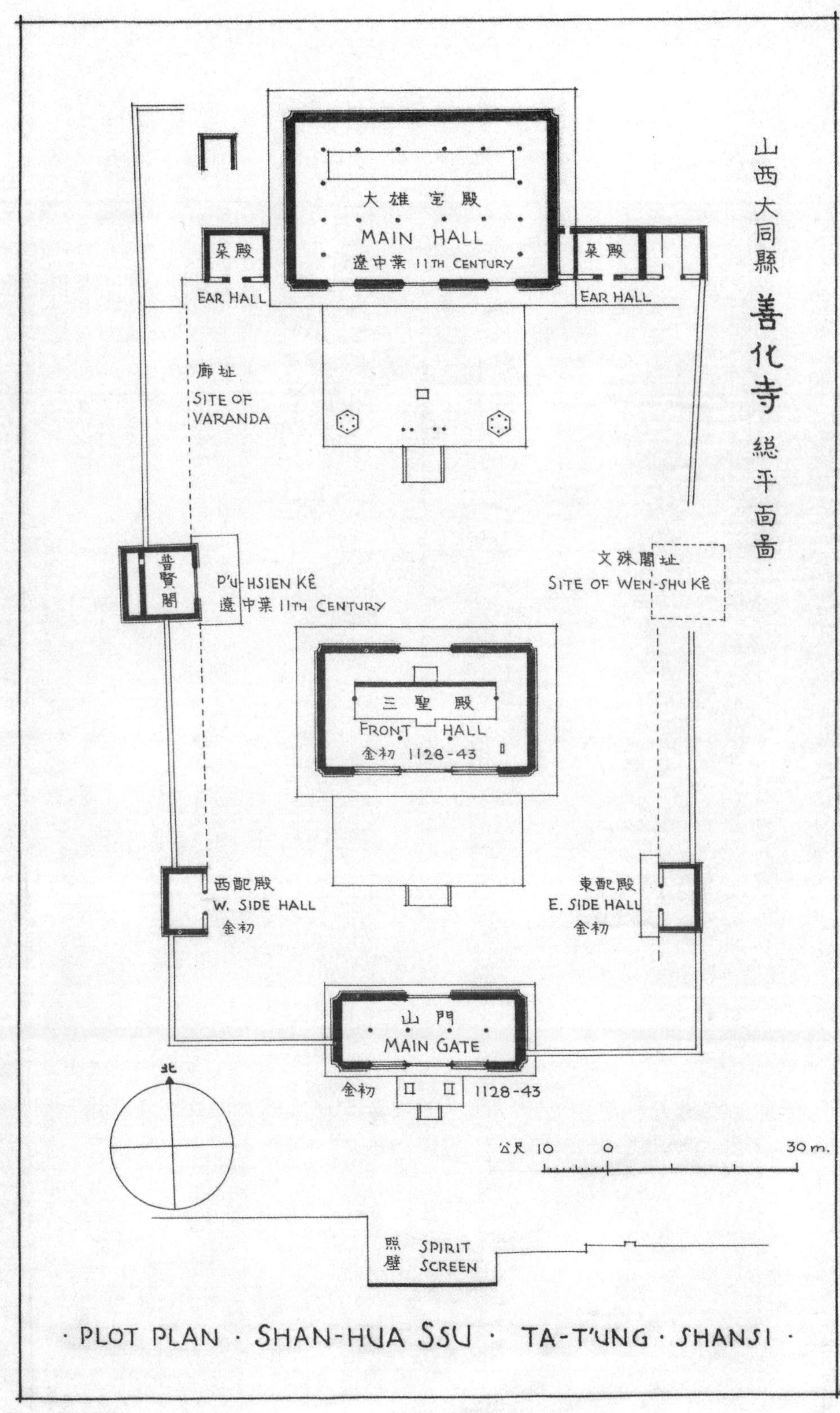
山西大同縣善化寺総平面圖
大雄宝殿
MAIN HALL
遼中葉 11TH CENTURY
朶殿
EAR HALL
朶殿
EAR HALL
廊址
SITE OF VARANDA
普賢閣
P'U-HSIEN KÊ
遼中葉 11TH CENTURY
文殊閣址
SITE OF WEN-SHU KÊ
三聖殿
FRONT HALL
金初 1128-43
西配殿
W. SIDE HALL
金初
東配殿
E. SIDE HALL
金初
山門
MAIN GATE
金初 1128-43
北
公尺 10 0 30 m.
照壁 SPIRIT SCREEN
· PLOT PLAN · SHAN-HUA SSU · TA-T'UNG · SHANSI ·

山西大同县善化寺总平面图

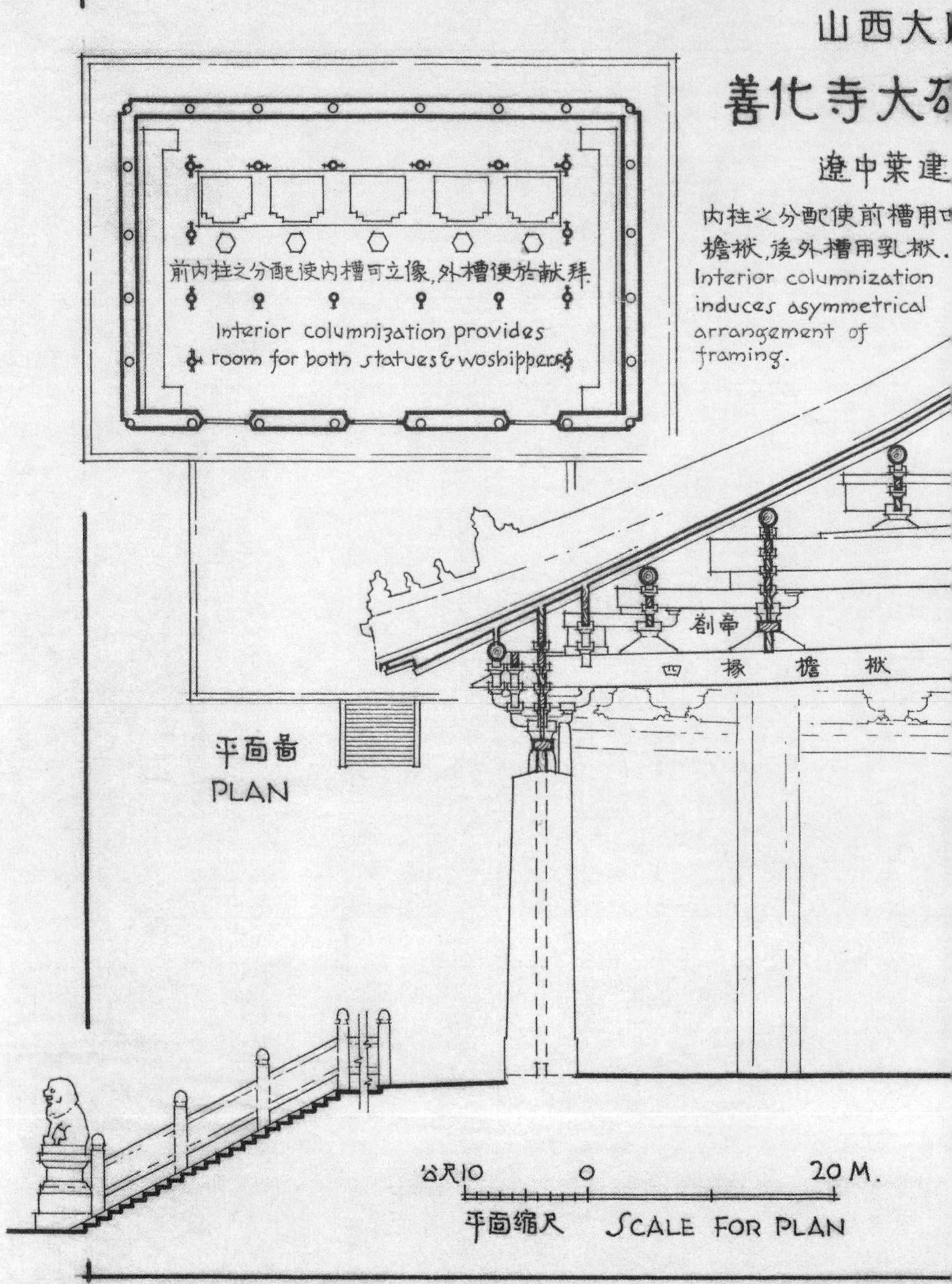

山西大
善化寺大
遼中葉建
内柱之分配使前槽用
檐栿,後外槽用乳栿.
Interior columnization
induces asymmetrical
arrangement of
framing.
前内柱之分配使内槽可立像,外槽便於献拜
Interior columnization provides
room for both statues & woshippers
平面圖
PLAN
劄牽
四椽檐栿
公尺10
0
20 M.
平面縮尺
SCALE FOR PLAN

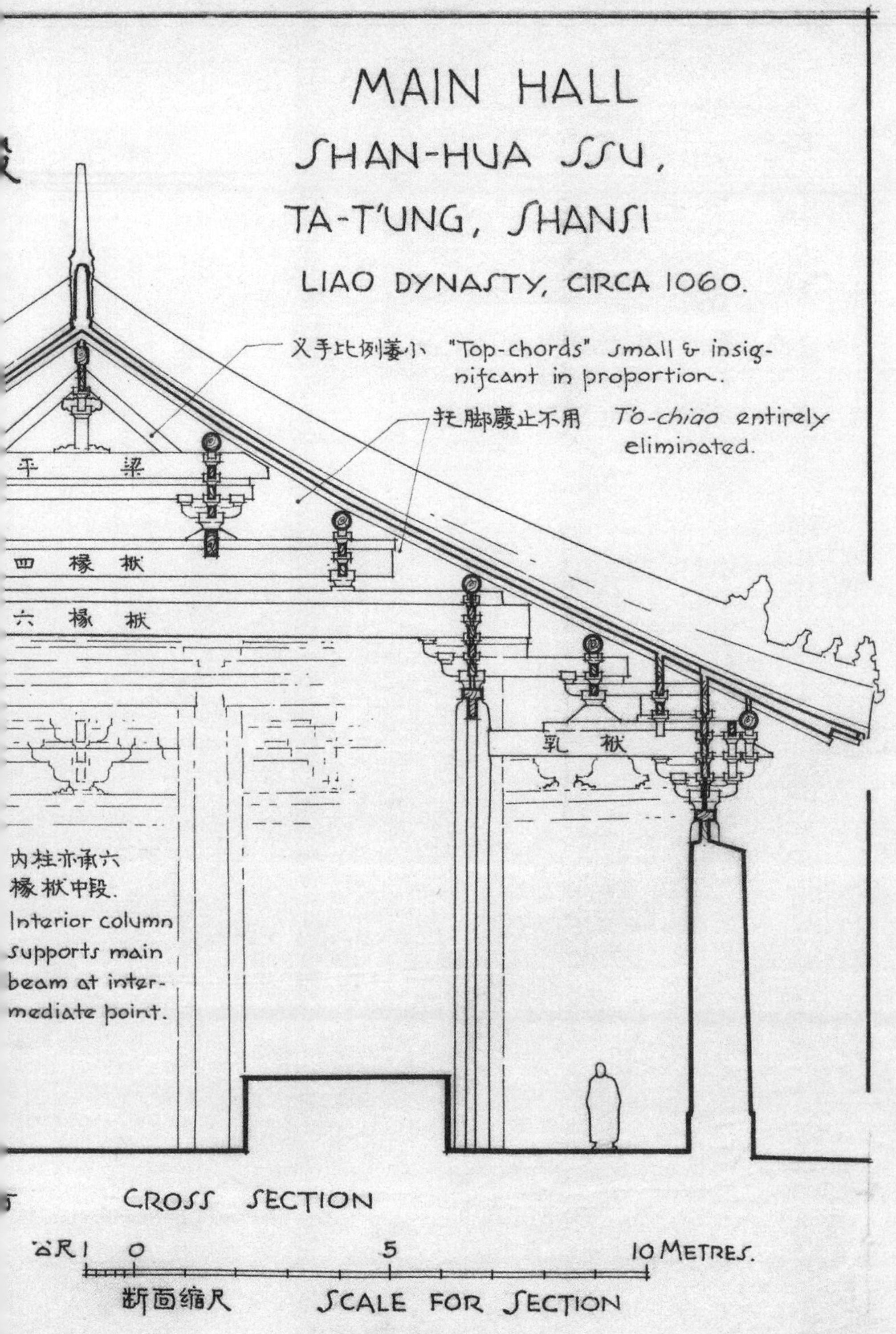
MAIN HALL
SHAN-HUA SSU,
TA-T'UNG, SHANSI
LIAO DYNASTY, CIRCA 1060.
叉手比例萎小 "Top-chords" small & insig-nifcant in proportion.
托脚廢止不用 T'o-chiao entirely eliminated.
平梁
四椽栿
六椽栿
乳栿
内柱亦承六椽栿中段.
Interior column supports main beam at intermediate point.
CROSS SECTION
公尺 1 0 5 10 METRES.
断面缩尺 SCALE FOR SECTION

善化寺大雄宝殿平面及剖面图

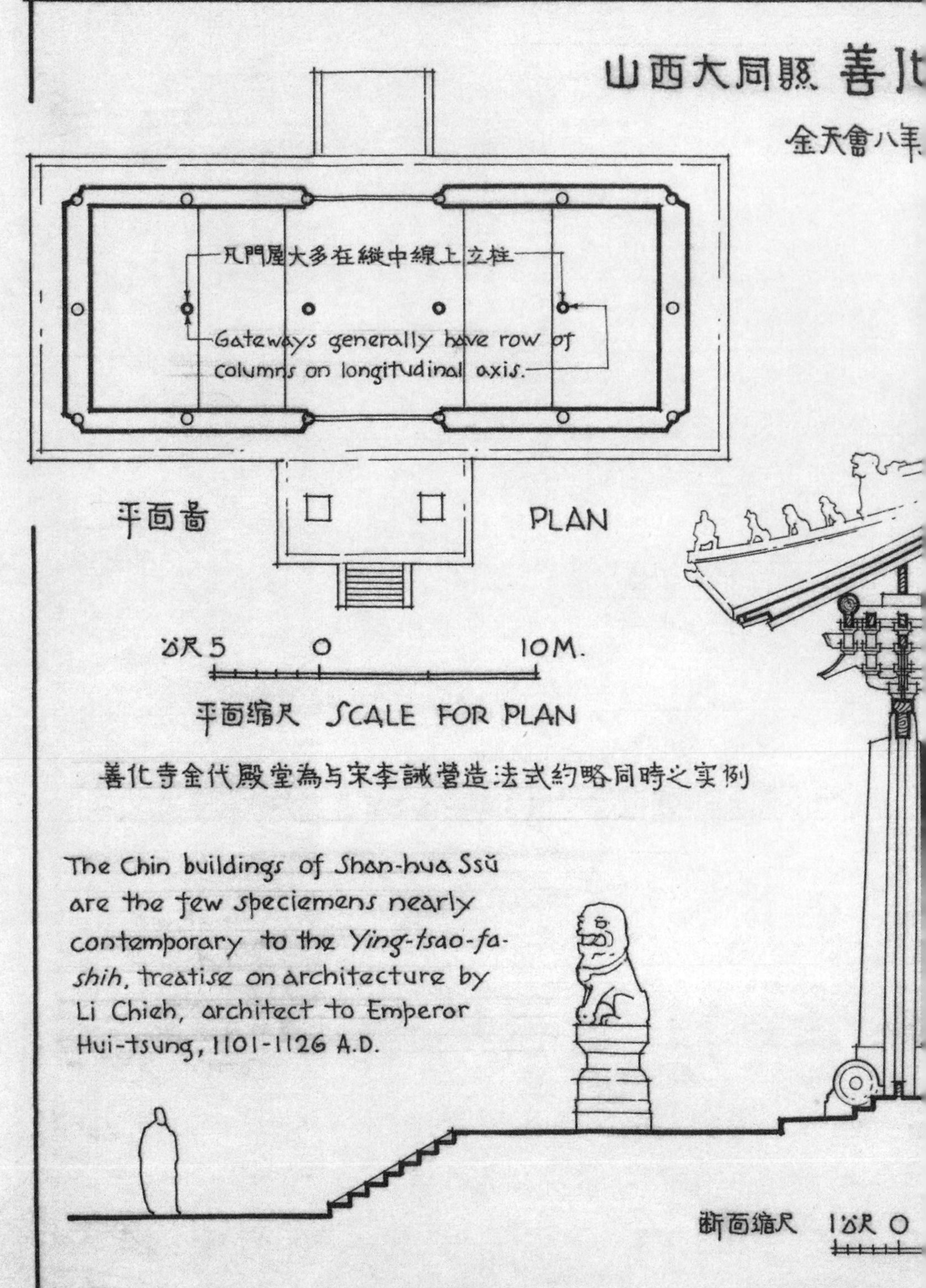
山西大同縣 善化
金天會八年
凡門屋大多在縱中線上立柱
Gateways generally have row of columns on longitudinal axis.
平面圖
PLAN
公尺5
0
10M.
平面縮尺 SCALE FOR PLAN
善化寺金代殿堂為与宋李誡營造法式約略同時之实例
The Chin buildings of Shan-hua Ssŭ are the few speciemens nearly contemporary to the Ying-tsao-fa-shih, treatise on architecture by Li Chieh, architect to Emperor Hui-tsung, 1101-1126 A.D.
斷面縮尺
1公尺 0

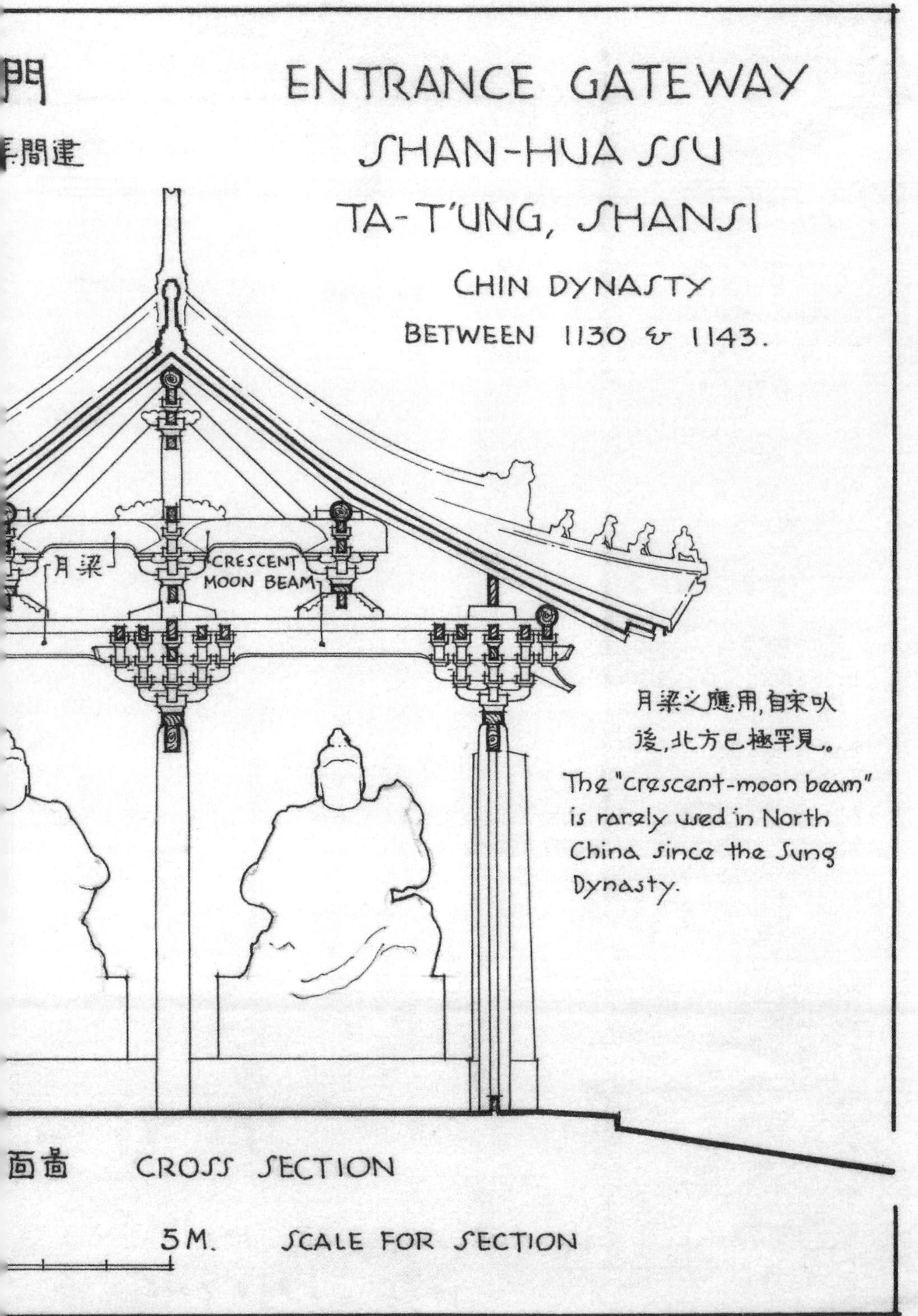
門
…間建
ENTRANCE GATEWAY
SHAN-HUA SSU
TA-T'UNG, SHANSI
CHIN DYNASTY
BETWEEN 1130 & 1143.
月梁
CRESCENT MOON BEAM
月梁之應用,自宋以後,北方已極罕見。
The "crescent-moon beam" is rarely used in North China since the Sung Dynasty.
…面圖 CROSS SECTION
5M. SCALE FOR SECTION

善化寺山门平面及剖面图

山西大同县善化寺

寺在大同县南门内，亦为辽金巨刹，虽已部分残塌，尚保存原有规模。其中主要殿阁，现存者尚有大雄宝殿及普贤阁，为辽代建筑，三圣殿及山门则金建也。

一、大雄宝殿

大雄宝殿广七间，深五间，单檐四注顶，阶基甚崇高，其内柱之分布，中间四缝省去老檐柱与后金柱，故内外槽之修广，均得其度。其外檐斗栱出双杪，计心重栱造；转角铺作以附角栌斗，加铺作一缝。其补间铺作以驼峰置于普拍枋上以承栌斗；梢间者，第一跳跳头仅施翼形栱；当心间者则栌斗上出约成六十度相交之斜栱两跳，而无正出之华栱；次间则前面正角及斜华栱相交，后尾则以华栱五跳承下平槫，斗栱形制，各因地位而异其结构，颇形繁杂，尤以补间铺作为甚焉。

二、三圣殿

位于大雄宝殿之前，山门之后。平面长方形，广五间，深四间，单檐四阿顶，内柱共八,四为主柱，四为辅柱，其当心间两主柱，置于后面第三槫缝下，为内柱通常位置，其上前为六椽栿，直达前檐柱，其后则为乳栿。次间缝两主柱则向前移一槫缝分位，前为五椽栿，后为三椽栿。柱与袱相交处辅以庞大之合楂，至为雄伟，外檐斗栱出单杪，双下昂，重栱计心造，其柱头铺作，华栱第一跳直接承托六椽栿，昂嘴遂成插昂，补间铺作则昂尾挑起承榑及襻间；当心间者且跳头施斜栱，成为复杂笨拙之组合。转角铺作于角斗两侧安附角枓，每面添出铺作一缝为缠柱造。柱头之间，阑额之上，安普拍枋，甚为淳厚，其下更加由额一道，异于古制。此殿屋顶举高适当前后橑檐枋间距离之三分之一，与法式规定大致符合。

三、山门

在三圣殿之前，为善化寺之正门。门广五间，深两间，单檐四阿顶，正中为出入孔道。其柱之分配为前后檐柱及中柱各一列，共十八柱。外檐斗栱，单杪单昂，后尾两杪；中柱斗栱亦双杪。内外柱头铺作之间，于第二跳华栱之上承月梁形乳栿。乳栿以上，不用平梁，而用搭牵，前后相对，转角铺作亦用附角斗，多出铺作一缝。阑额之上，亦用普拍枋，广厚同阑额。

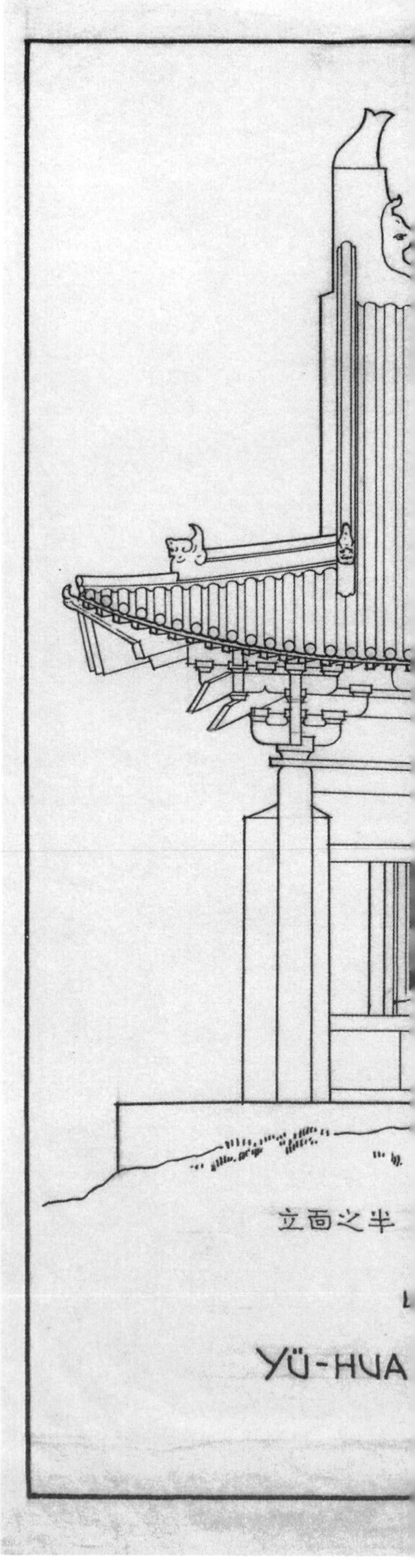

山西榆次县永寿寺雨华宫
立面及纵剖面图

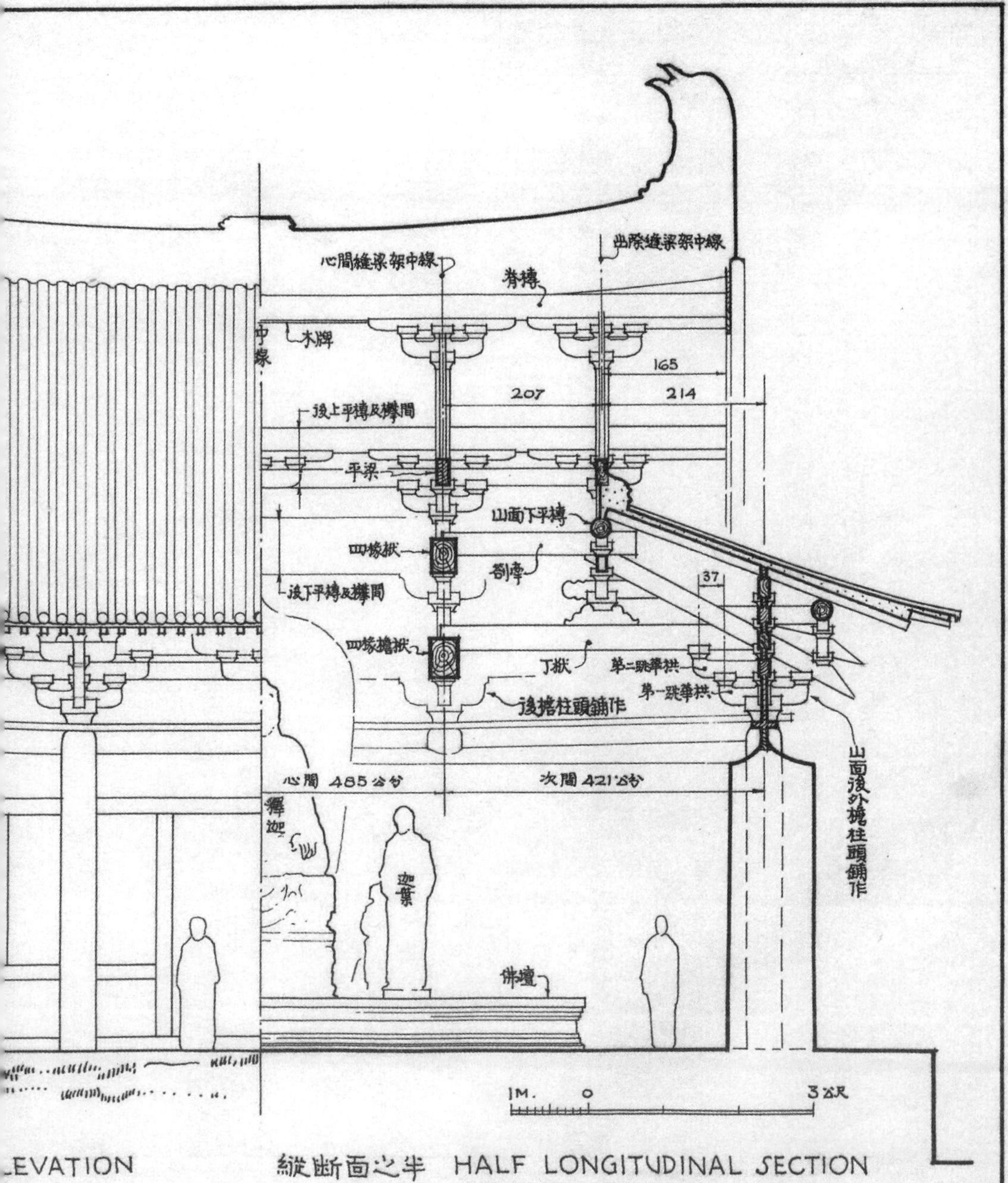
心間縫梁架中線
出際縫梁架中線
脊槫
中線
木牌
165
207
214
後上平槫及襻間
平梁
山面下平槫
四椽栿
劄牽
後下平槫及襻間
37
四椽檐栿
丁栿
第二跳華拱
第一跳華拱
後檐柱頭鋪作
山面後外檐柱頭鋪作
心間 485公分
次間 421公分
釋迦
迦葉
佛壇
1M. 0 3公尺
LEVATION
縱斷面之半 HALF LONGITUDINAL SECTION
次縣 永壽寺 雨華宮 宋大中祥符元年建
· MAIN HALL OF YUNG-SHOU SSU
YÜ-TZ'U · SHANSI ·· 1008 A·D·

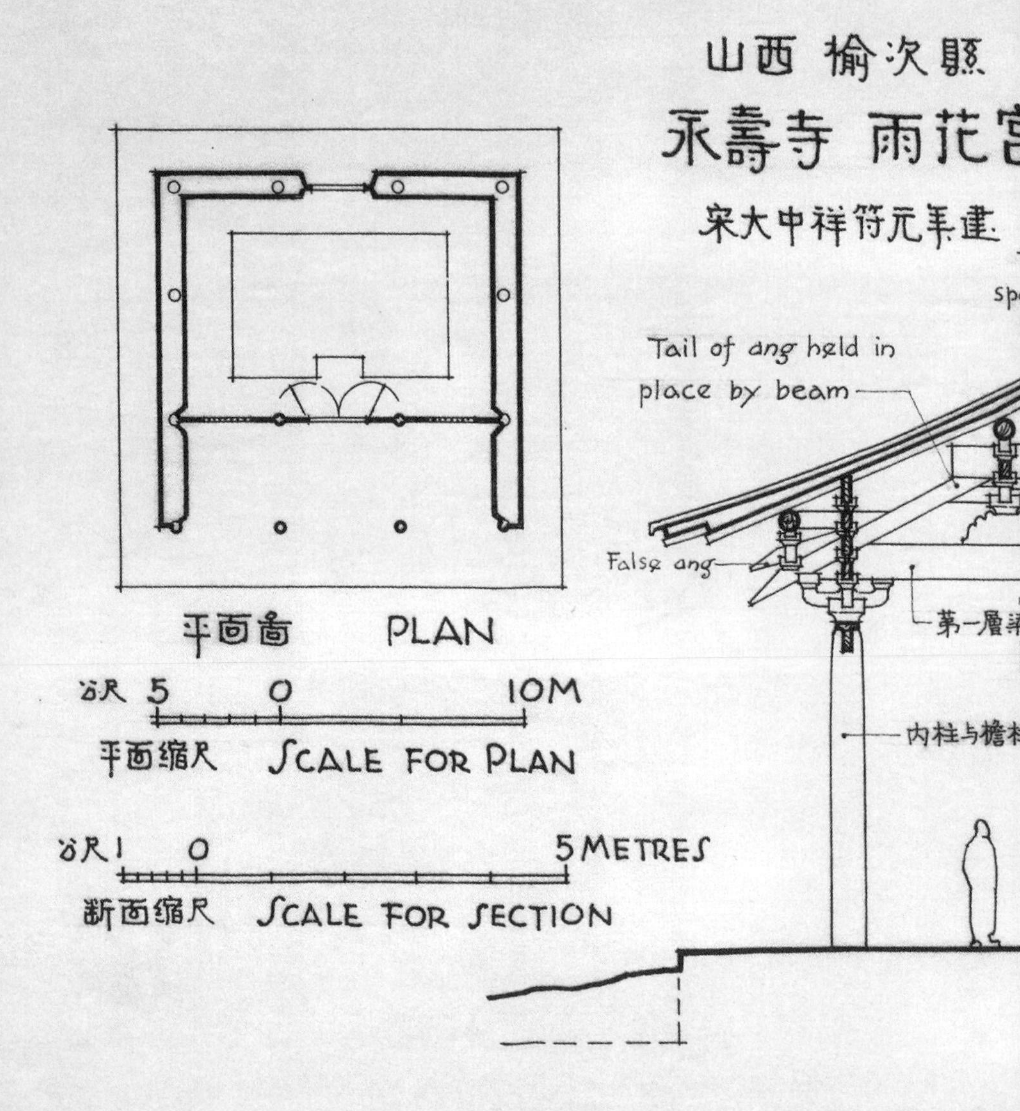
山西 榆次縣
永壽寺 雨花宫
宋大中祥符元年建
Tail of ang held in place by beam
False ang
第一層梁
内柱与檐柱
平面圖 PLAN
公尺 5 0 10M
平面縮尺 SCALE FOR PLAN
公尺 1 0 5 METRES
断面縮尺 SCALE FOR SECTION

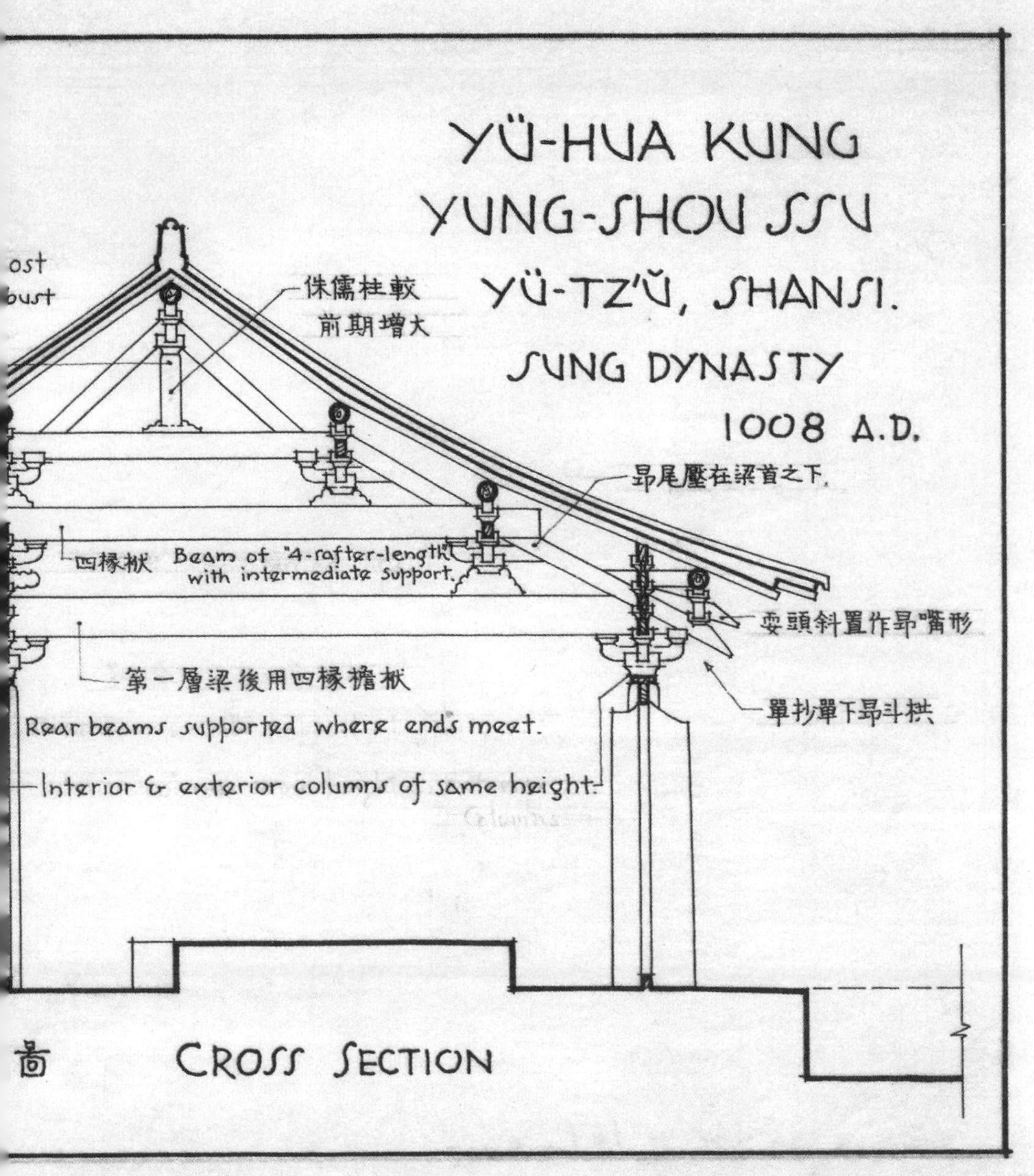
YÜ-HUA KUNG
YUNG-SHOU SSU
YÜ-TZ'Ü, SHANSI.
SUNG DYNASTY
1008 A.D.
侏儒柱較
前期增大
昂尾壓在梁首之下
四椽栿 Beam of "4-rafter-length" with intermediate support.
耍頭斜置作昂嘴形
單抄單下昂斗拱
第一層梁後用四椽檐栿
Rear beams supported where ends meet.
Interior & exterior columns of same height.
CROSS SECTION

山西榆次县永寿寺雨华宫平面及剖面图

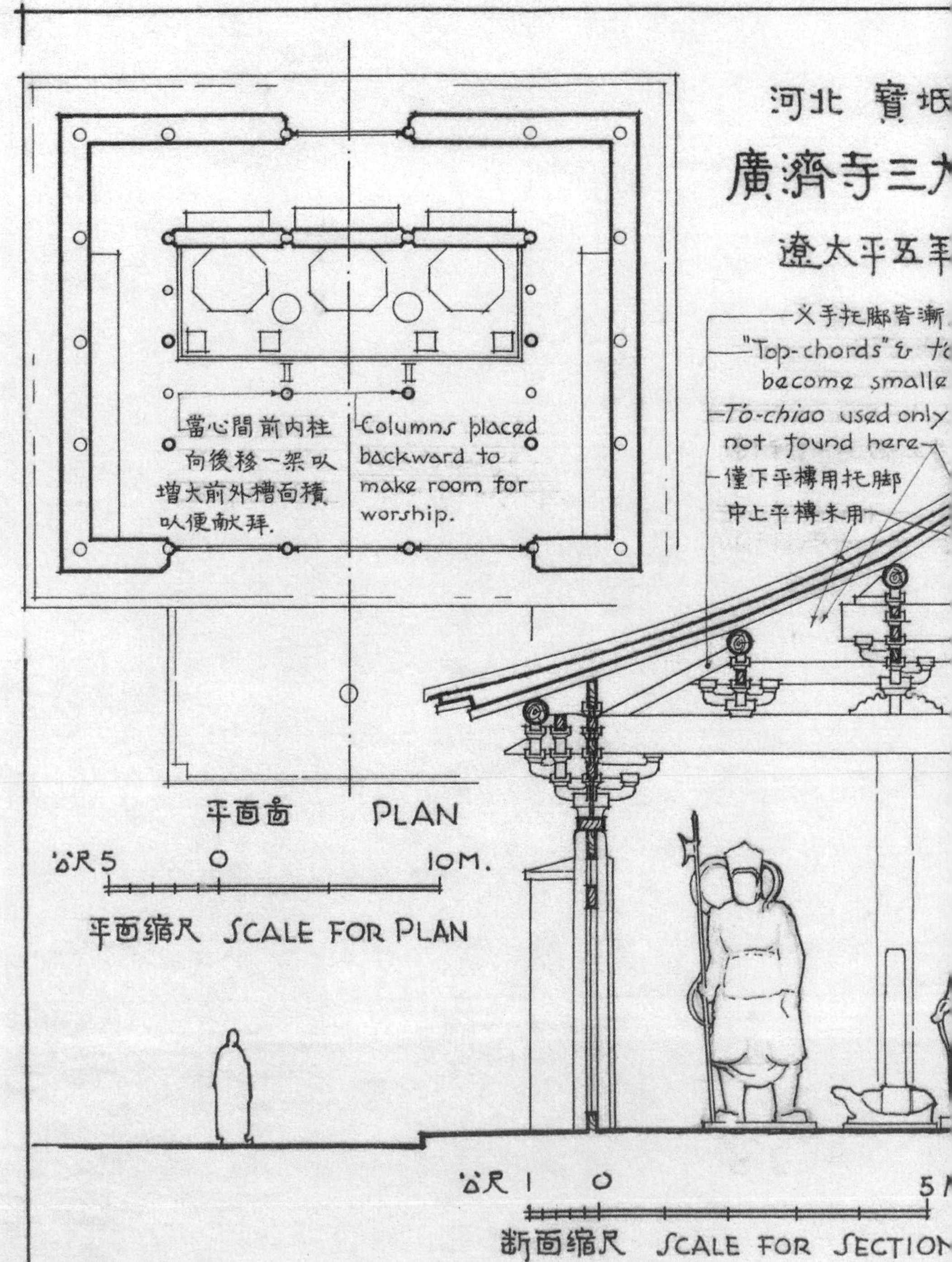

河北 寶坻
廣濟寺三大
遼太平五年
叉手托脚皆漸
"Top-chords" & To
become smalle
To-chiao used only
not found here
僅下平槫用托脚
中上平槫未用
當心間前內柱向後移一架以增大前外槽面積以便献拜.
Columns placed backward to make room for worship.
平面圖 PLAN
公尺 5 0 10M.
平面縮尺 SCALE FOR PLAN
公尺 1 0 5
斷面縮尺 SCALE FOR SECTION

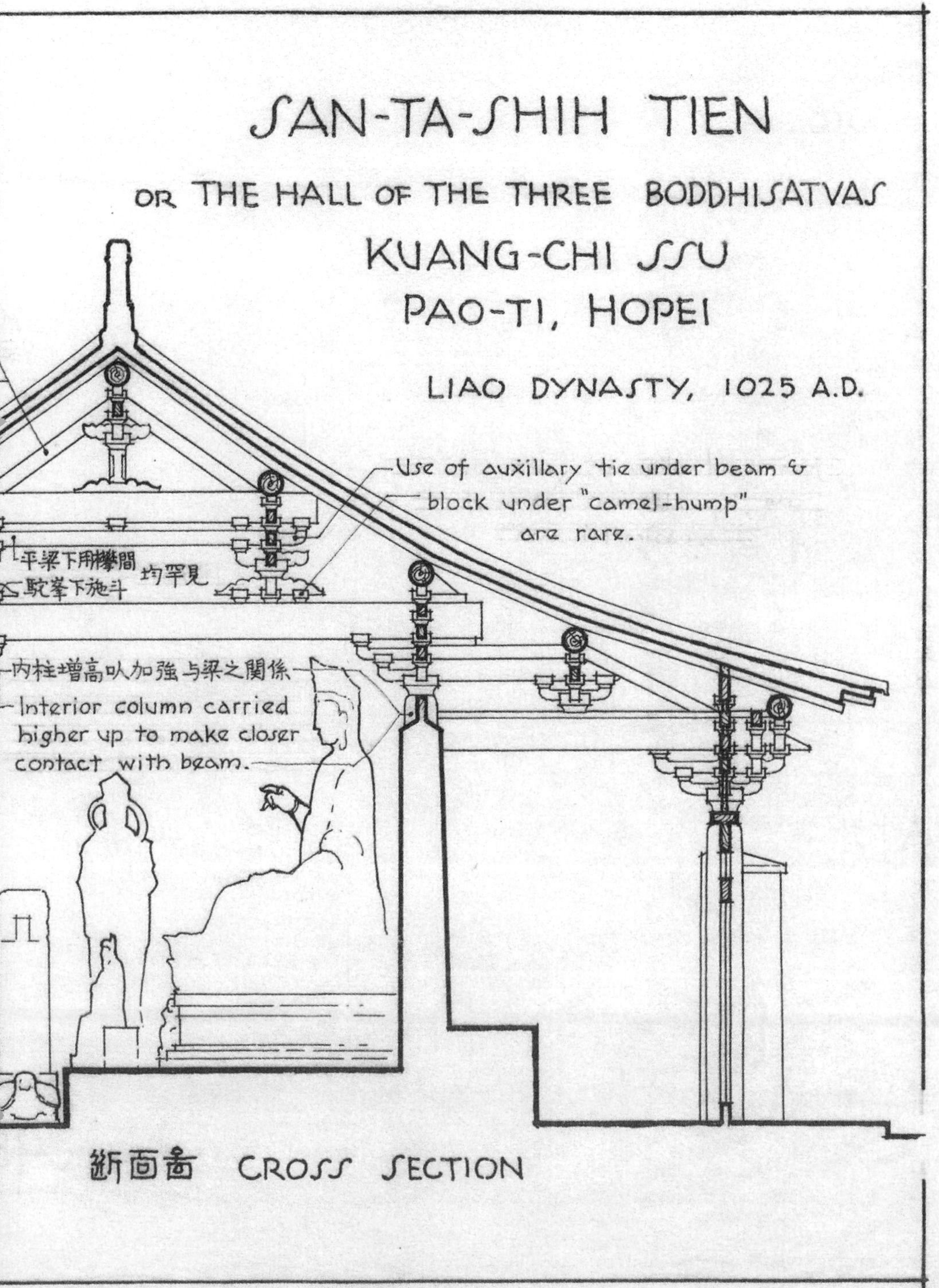
SAN-TA-SHIH TIEN
OR THE HALL OF THE THREE BODDHISATVAS
KUANG-CHI SSU
PAO-TI, HOPEI
LIAO DYNASTY, 1025 A.D.
Use of auxillary tie under beam & block under "camel-hump" are rare.
平梁下用襻間
駝峯下施斗
均罕見
內柱增高以加強与梁之関係
Interior column carried higher up to make closer contact with beam.
斷面圖 CROSS SECTION

河北宝坻县广济寺三大士殿平面及剖面图

山西榆次县永寿寺雨华宫

永寿寺雨华宫在山西榆次县源涡村。殿建于宋大中祥符元年（公元1008年）。深广各三间，平面正方形；其内柱仅有前两柱，故其横断面成为《营造法式》所谓“六架椽屋，乳栿对四椽栿，用三柱”之制，其内柱以前之面积则作为殿之前廊。斗栱单杪单昂。华栱跳头偷心，后出承栿，其昂头施令栱，与昂嘴形耍头相交。昂尾则压于上一架梁头之下，结构至为简洁合理。此殿亦无平闇，彻上露明造，无草栿。梁栿均为直梁，各架以驼峰及斗栱支撑。屋盖为九脊顶，即清式所谓歇山者，其各缝梁架间用襻间相互联络支撑，全部遂成为富有机能之构架。此殿屋脊用瓦叠砌而成，有显著之生起。脊端鸱吻颇瘦高，可能为当时原物。

河北宝坻县广济寺三大士殿

殿建于辽太平五年（宋仁宗天圣三年，公元 1025 年）。殿单层四注顶，平面长方形，广五间，深四间。其内柱之前面当心间两柱，向后退入半间，以曾广殿内前部地位；因而其上梁架与次间缝柱上之梁架异其结构，而产生富有趣味之变化。外檐斗栱双杪重栱计心造，其后尾两跳偷心，以承梁，梁之外端则斫作耍头，与令栱相交。补间铺作亦出双杪以短柱支托大斗，立于普拍枋上。其后尾则四跳偷心以承槫。如独乐寺山门之制。殿内“彻上露明造”，各层梁架均以斗栱承托，各缝梁架间以襻间牵引联络，条理井然。屋顶正脊两端，鸱吻颇高而直，略近长方形，垂脊仙人及蹲兽，均有为辽代原物之可能，观音、文殊、普贤三大士像，相传为元刘銮塑。河北新城县开善寺大殿，规模结构均与此殿相似，殆亦同时期物也。

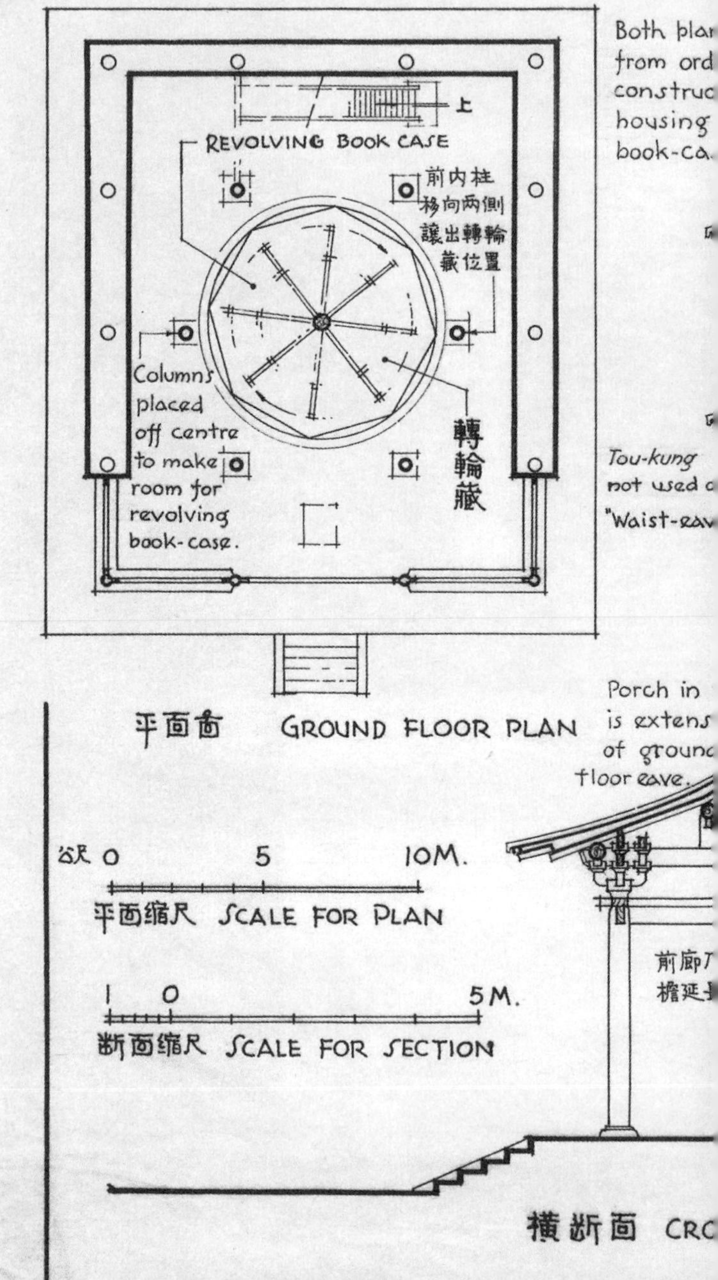

河北正定縣 龍興寺
轉輪藏殿 宋建
LIBRAR
NORTH
平面及断面畫中皆顯示特殊結構方法以適應安置轉
REVOLVING BOOK CASE
上
前内柱
移向兩側
讓出轉輪
藏位置
Columns
placed
off centre
to make
room for
revolving
book-case.
轉
輪
藏
Both plan
from ord
construc
housing
book-ca
Tou-kung
not used a
"Waist-eav
平面畫 GROUND FLOOR PLAN
Porch in
is extens
of ground
floor eave.
公尺 0 5 10M.
平面缩尺 SCALE FOR PLAN
1 0 5M.
断面缩尺 SCALE FOR SECTION
前廊
檐延
横断面 CRO

河北正定县隆兴寺
转轮藏殿平面及剖面图

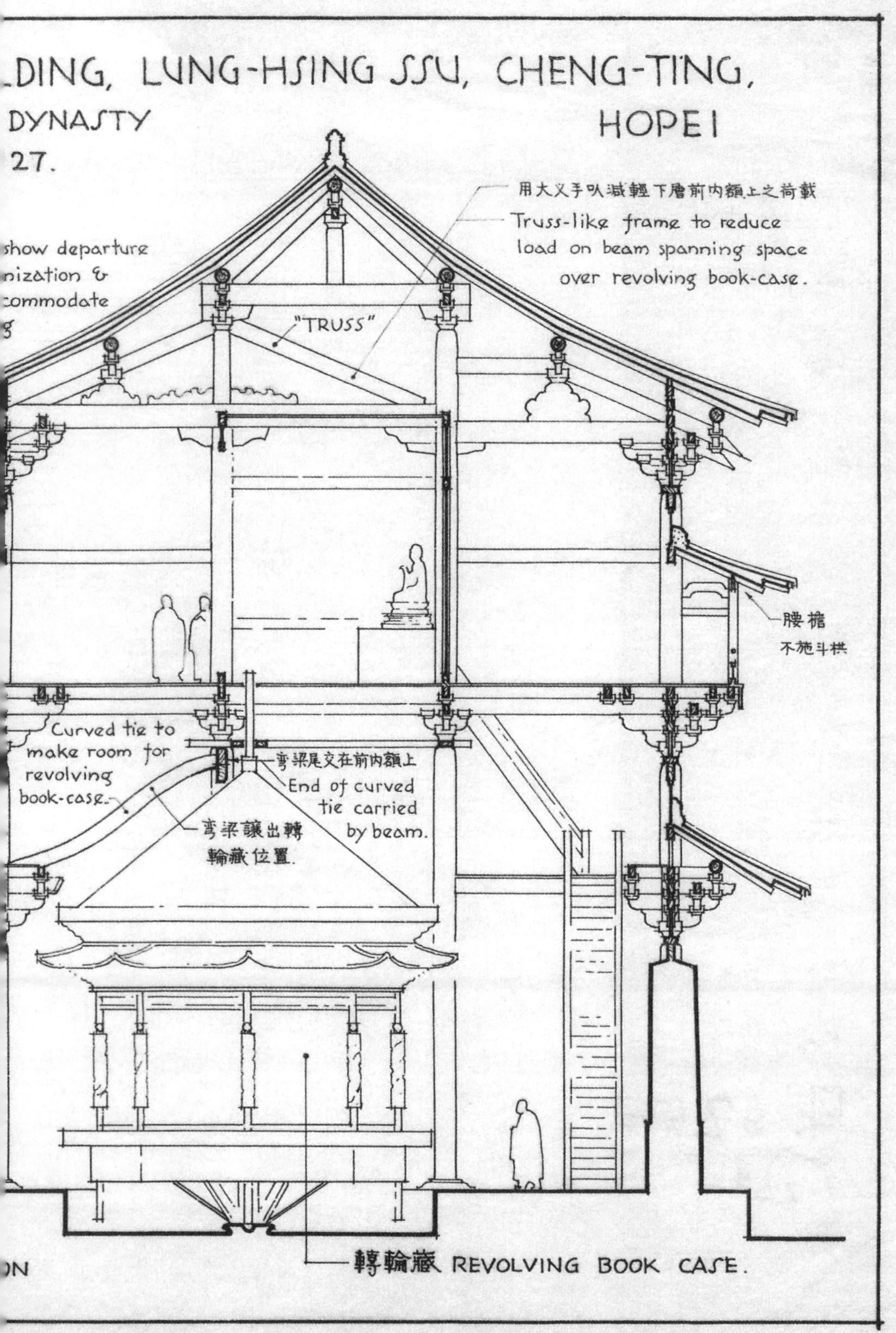

LDING, LUNG-HSING SSU, CHENG-TING,
DYNASTY
HOPEI
27.
show departure
nization &
commodate
g
用大叉手以減輕下層前内額上之載荷
Truss-like frame to reduce load on beam spanning space over revolving book-case.
"TRUSS"
腰檐
不施斗栱
Curved tie to make room for revolving book-case.
弯梁尾交在前内額上
End of curved tie carried by beam.
弯梁讓出轉輪藏位置.
ON
轉輪藏 REVOLVING BOOK CASE.

河北正定县隆兴寺转轮藏殿

河北正定县隆兴寺，本隋之龙藏寺，而龙藏寺碑，素为金石书法家所珍爱者，至今仍矻立寺中焉。寺于宋初曾经太祖敕重建，铸四十二臂观音七十三尺金铜像，覆以大悲阁。清乾隆间，毁寺西部建立行宫，其后让归天主教建立教堂。然寺现存中线上主要建筑则尚多宋代遗构，乾隆建立行宫时，曾大修殿宇，然其重修，唯知遵从清《工程做法则例》，对于古构之特征视若无睹，对于仿古或复原状方面未尝作丝毫之努力或尝试，故在一建筑物中宋、清部分虽相互混构，而区分划然不乱，其山门及大悲阁及阁两侧之集庆阁御书楼皆为此类不同时代特征之混合产品，阁前右侧之转轮藏殿及前面正中之摩尼殿，则保存原状较多。

转轮藏殿在摩尼殿之后，与慈氏阁相对立于大悲阁之前。殿平面三间正方形，前出雨搭，实为一重层之阁。其下层偏前安转轮藏一，故两前内柱间之距离须略加宽，以容转轮藏。上层无雨搭，四周有平坐；上檐之下，另有腰檐一周；顶为九脊顶。上层梁梁架因前后做法不同，遂用大叉手，成一简单之 Truss。其他榑枋、襻间、绰幕、驼峰等，交相卯接，条理不紊，毫不牵强，实为梁架结构中之上乘。其上檐斗栱，耍头亦斫作昂嘴形；其上另出蚂蚱头与替木相交，揆其形制，与晋祠大殿颇有相似之处，盖或亦北宋中叶所建耶。

殿下层中央之转轮藏，为一八角形旋转书架，中有立轴，为藏旋转之中心，其经屉以上，作成重檐状，下檐八角，上檐圆，下檐斗栱出双昂三下昂，上出椽及飞椽，角梁等等，一如《营造法式》之制；上檐出五杪重栱计心，其上不用椽，仅用雁翅版，上施山华蕉叶，为宋初原物无疑，今经屉部分已全毁。

河南登封縣少林寺初祖庵 CH'U-T

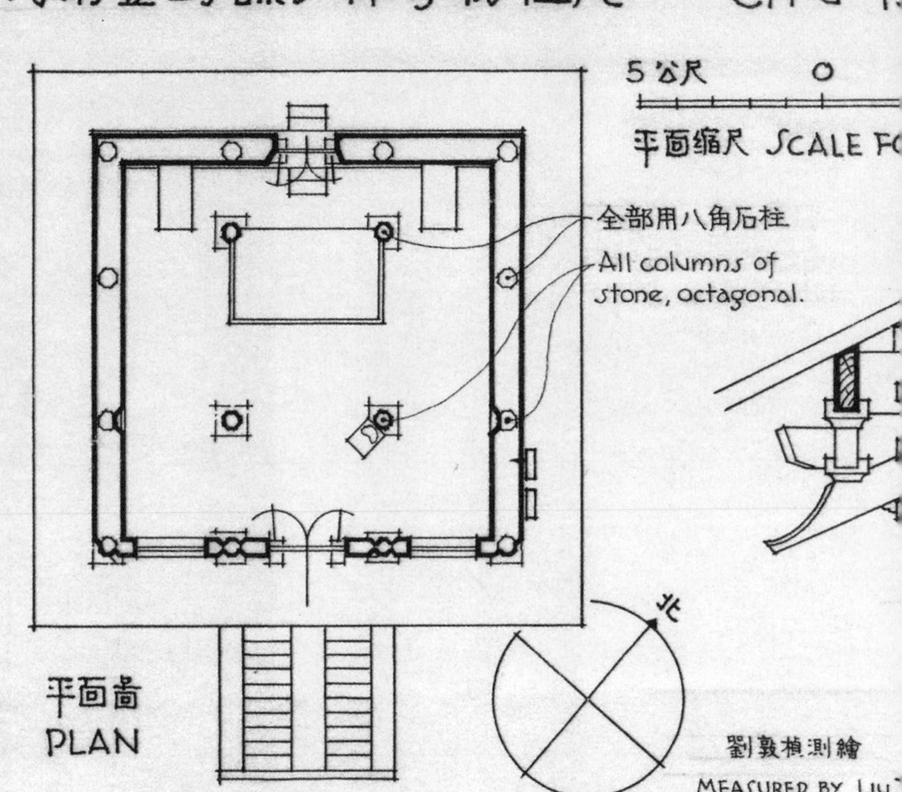

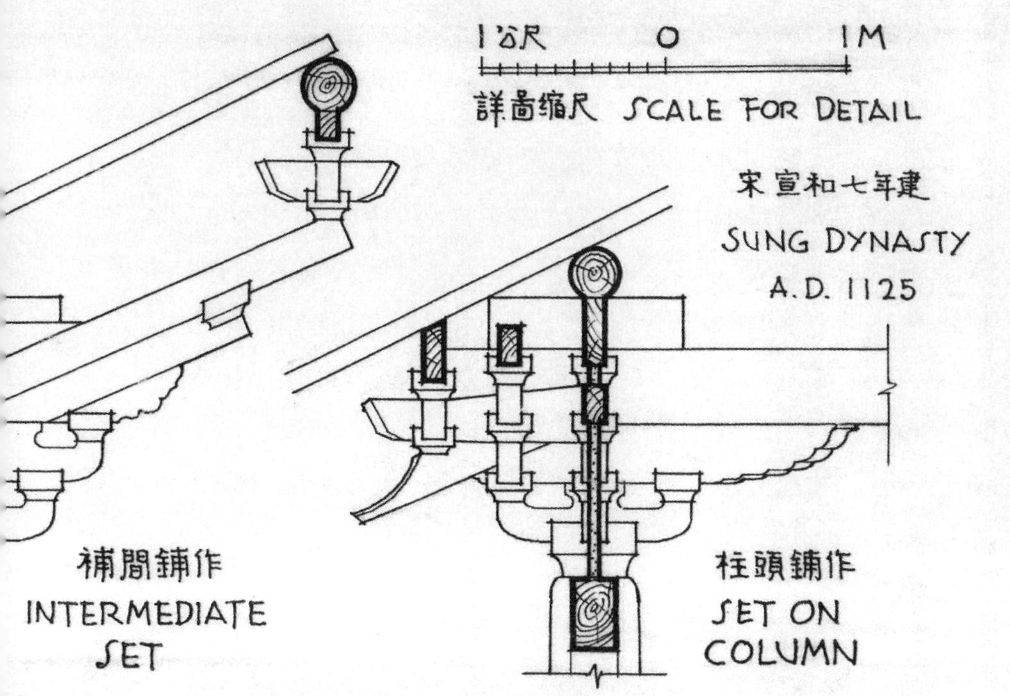

河南登封县少林寺初祖庵平面及斗栱

河南登封县少林寺初祖庵

寺在河南登封县嵩山，为我国著名古刹，庵在寺西北约二里许，殿为近正方形之三间小殿、单檐九脊顶，建于宋徽宗宣和七年（公元1125年），在时间与空间上为与《营造法式》最接近之实物。殿内外诸柱皆八角石柱。后内柱向后移约一架以安佛座。檐柱有显著之生起，阑额至角出头斫作楮头，其上未施普拍枋。外檐斗栱单杪单下昂，重栱计心造，其转角铺作与柱头铺作俱作圆栌斗，补间铺作用讹角栌斗。其令栱位置较第一跳慢栱略低，均《营造法式》之定制也。殿前踏道中间夹入垂带石一列，殆即明、清殿陛御路之前身。殿檐柱雕卷草式荷渠，内杂饰人物、飞禽之类；内柱浮雕神王，墙护脚雕云水鱼龙等；佛座下龟脚及束腰所饰卷草文，均极精美。

第六章

桥

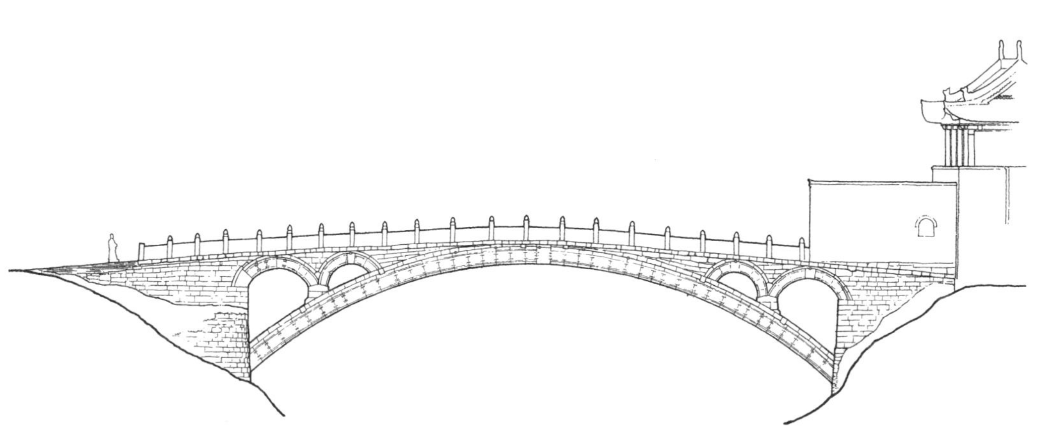

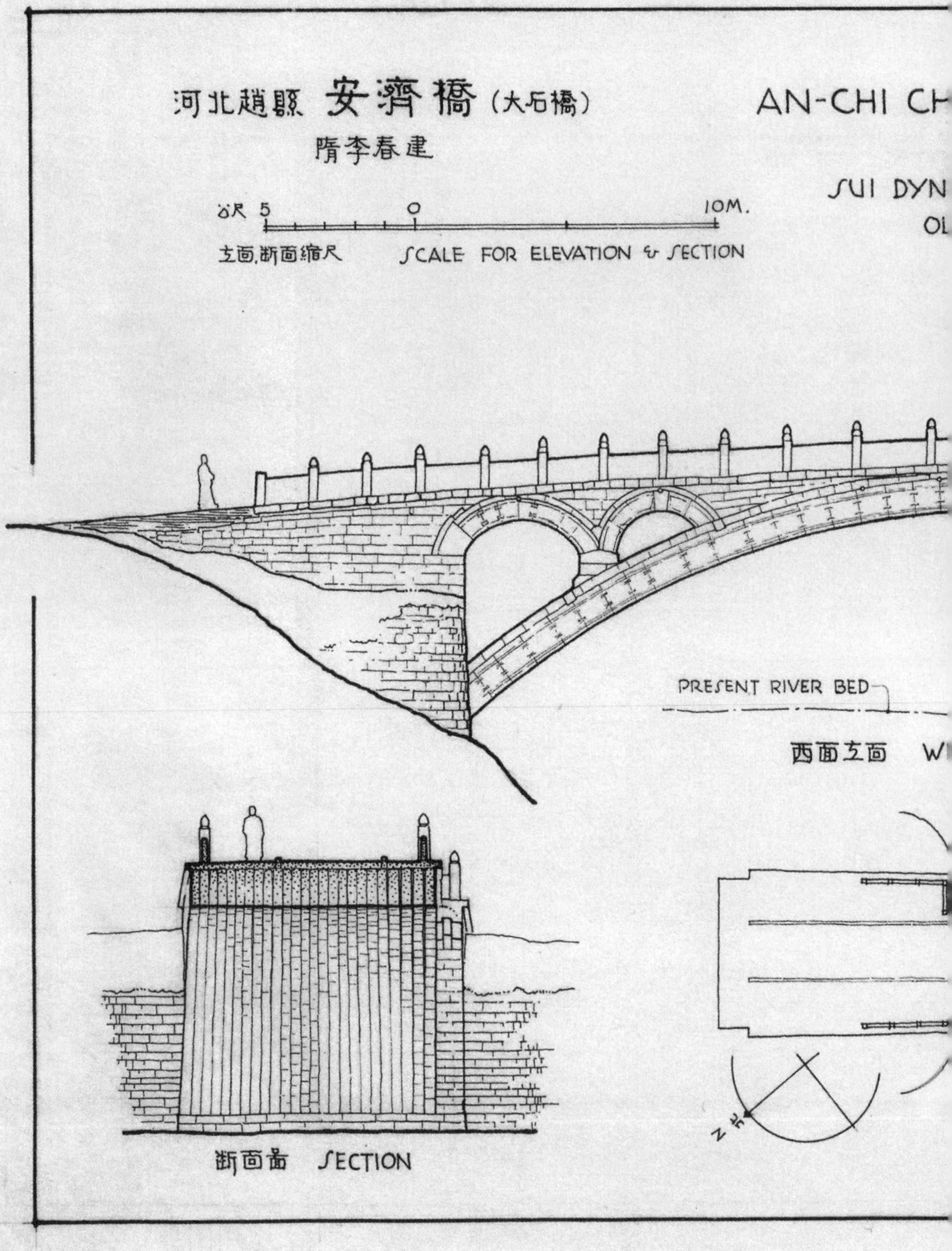

河北趙縣 安濟橋（大石橋）

隋李春建

AN-CHI CH

SUI DYN

OL

公尺 5 0 10M.

立面、斷面縮尺 SCALE FOR ELEVATION & SECTION

PRESENT RIVER BED

西面立面 W

斷面圖 SECTION

N 北

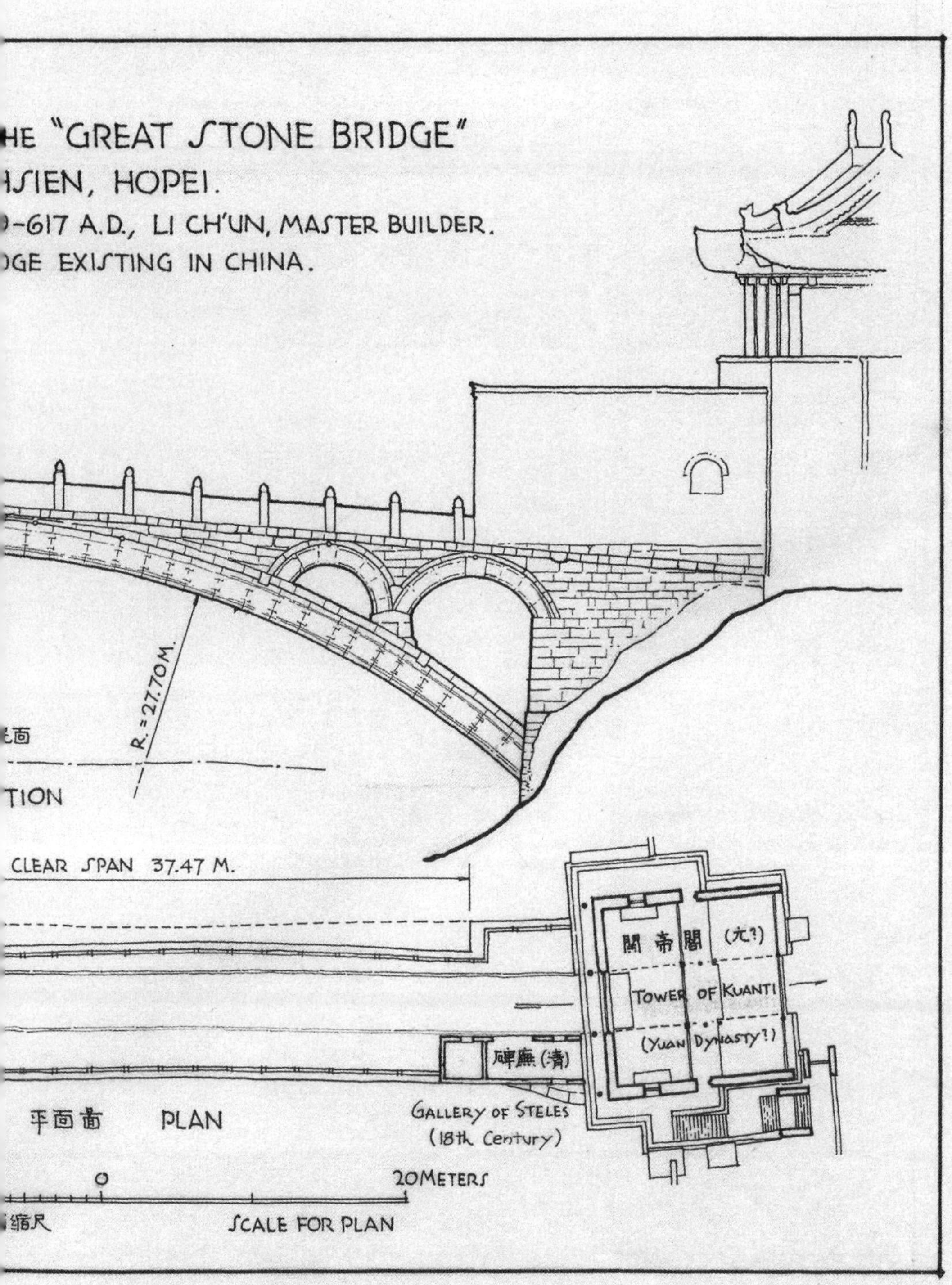
HE "GREAT STONE BRIDGE"
HSIEN, HOPEI.
-617 A.D., LI CH'UN, MASTER BUILDER.
DGE EXISTING IN CHINA.
R.=27.70M.
TION
CLEAR SPAN 37.47 M.
關帝閣 (元?)
TOWER OF KUANTI
(YUAN DYNASTY?)
碑廡(清)
GALLERY OF STELES
(18th Century)
平面畵
PLAN
0
20METERS
縮尺
SCALE FOR PLAN

河北赵县安济桥（大石桥）平面及立面图

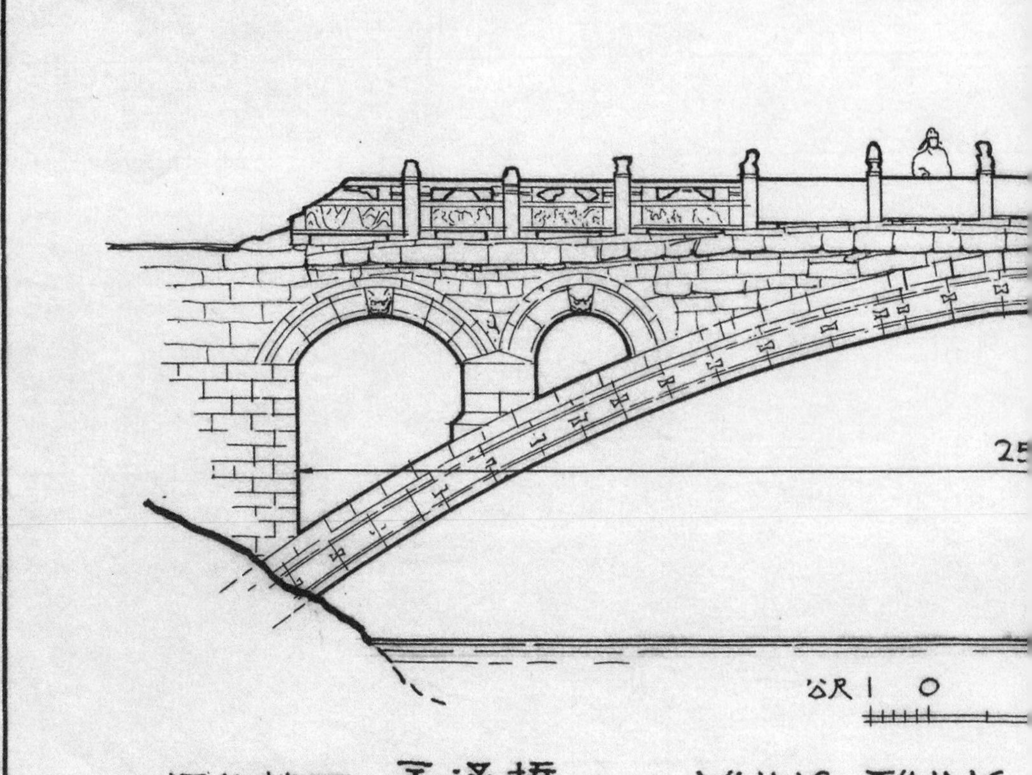

河北趙縣 永通橋

俗呼小石橋 金明昌間
裒錢而建

YUNG-T'UNG

CHAO HSIEN, HOP

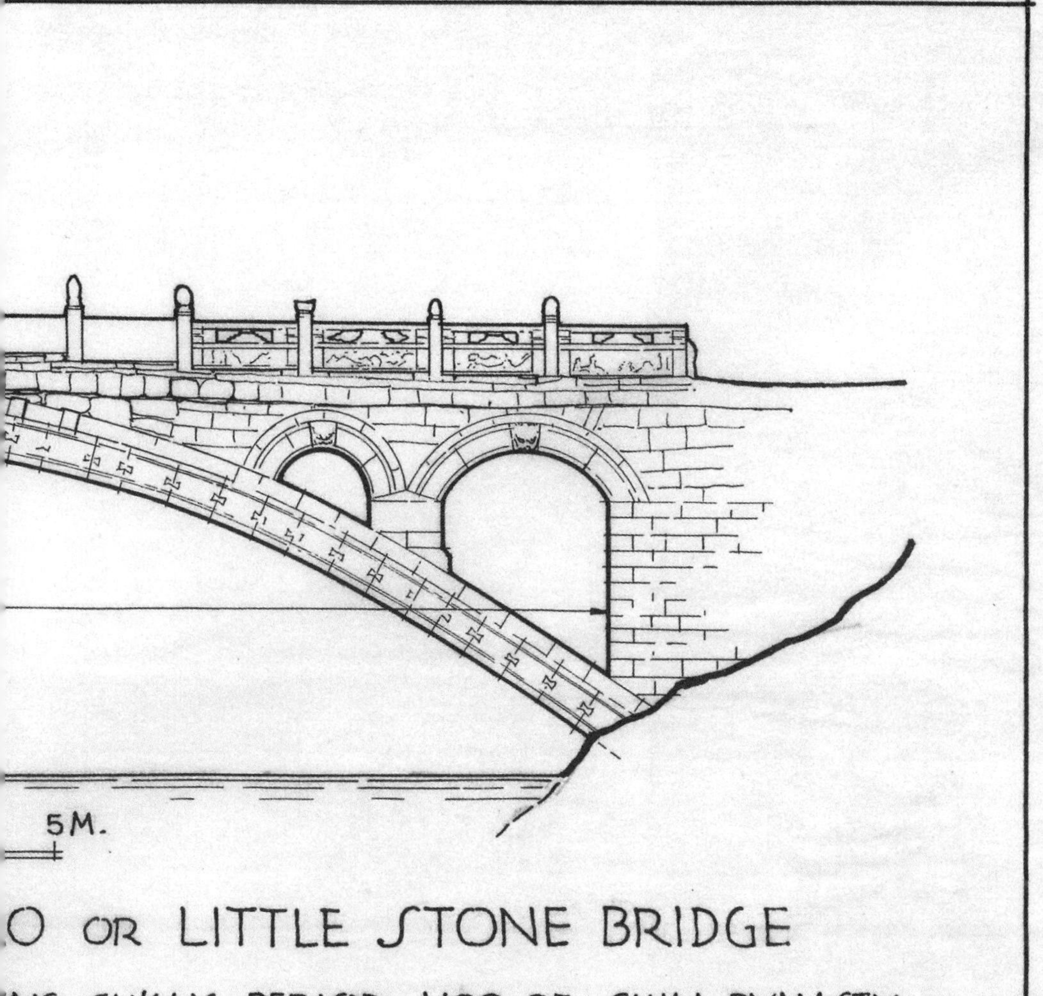

河北赵县永通桥（俗称小石桥）立面图

河北赵县安济桥

隋、唐以来桥梁之年代确实可考者极少。河北赵县安济桥不唯确知为隋（公元 581—618 年）匠李春所造，且可称为中国工程界一绝。桥在城南五里洨水上，仅一石券，横跨三十八米之大距离，桥两端撞券部分各砌两小券，做成空撞券。此法在欧洲初见于法国南部 Ceret——14 世纪之桥上，其在近代工程，则至 1912 年始应用之。李春此桥则较欧洲此式之尚早八百年，亦我国现存最古之桥也。

河北赵县永通桥

在河北赵县，俗呼小石桥，盖对赵县隋代大石桥而见称者也。

桥建于金明昌间（公元 1190—1195 年），褒钱而所建。其形状以及结构方法，与大石桥完全相同，两端撞券亦砌两小券，为空撞券式，其为模仿隋桥而建，毫无疑义，第其长度仅及大桥之半耳。今桥上石勾栏，雕刻至为精美，乃明正德间遗物。

赵县小石桥为年代准确之金代桥。但桥形制特殊，不可以为当时一般造桥方法之典范也。

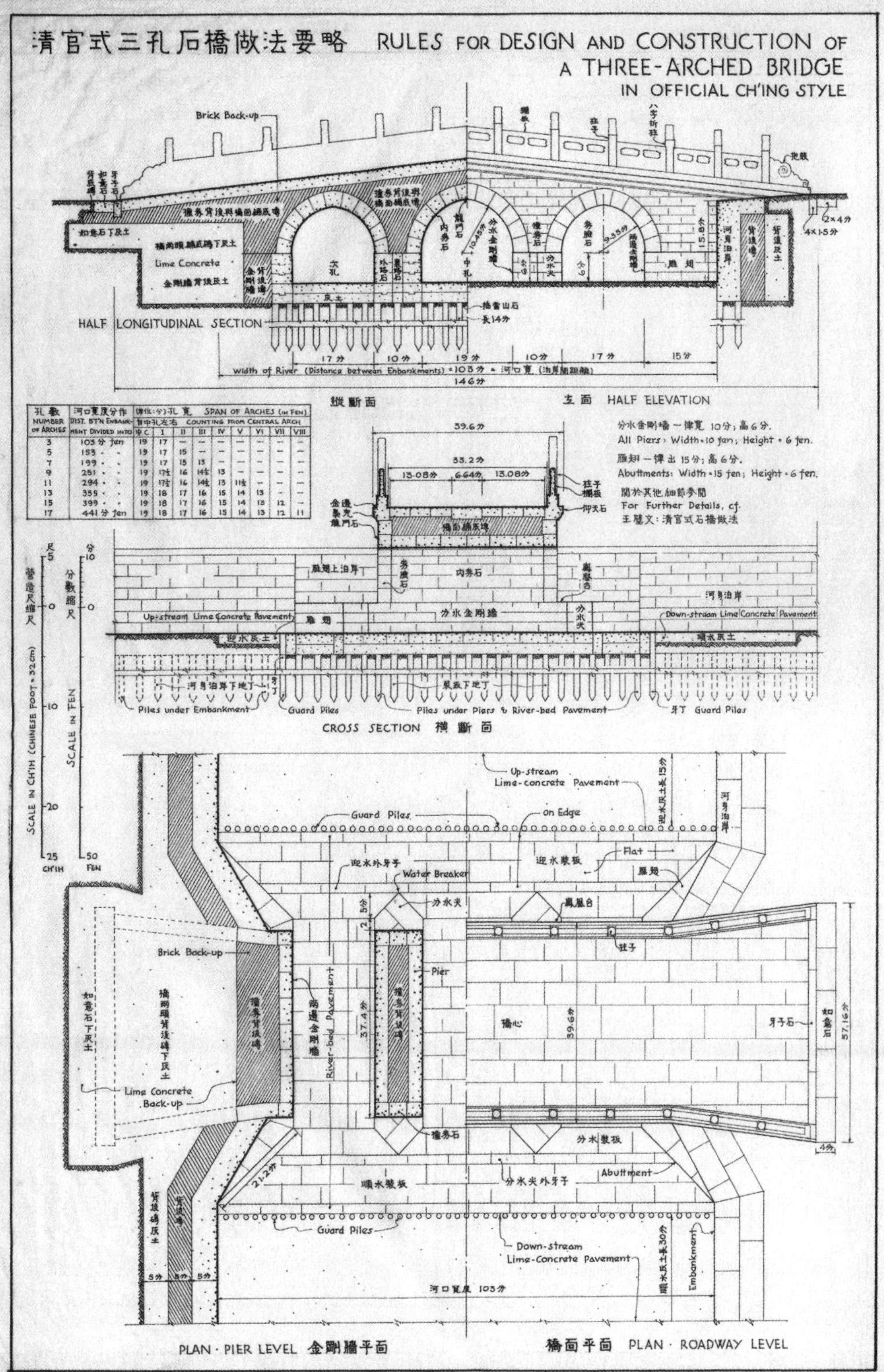

孔數 NUMBER OF ARCHES	河口寬度分作 DIST. BT'N EMBANKMENT DIVIDED INTO	(單位：分)孔寬 SPAN OF ARCHES (IN FEN) 自中孔左右 COUNTING FROM CENTRAL ARCH 中 C	I	II	III	IV	V	VI	VII	VIII
3	103 分 fen	19	17	—	—	—	—	—	—	—
5	153 " "	19	17	15	—	—	—	—	—	—
7	199 " "	19	17	15	13	—	—	—	—	—
9	251 " "	19	17½	16	14½	13	—	—	—	—
11	294 " "	19	17½	16	14½	13	11½	—	—	—
13	355 " "	19	18	17	16	15	14	13	—	—
15	399 " "	19	18	17	16	15	14	13	12	—
17	441 分 fen	19	18	17	16	15	14	13	12	11

清官式三孔石桥做法要略

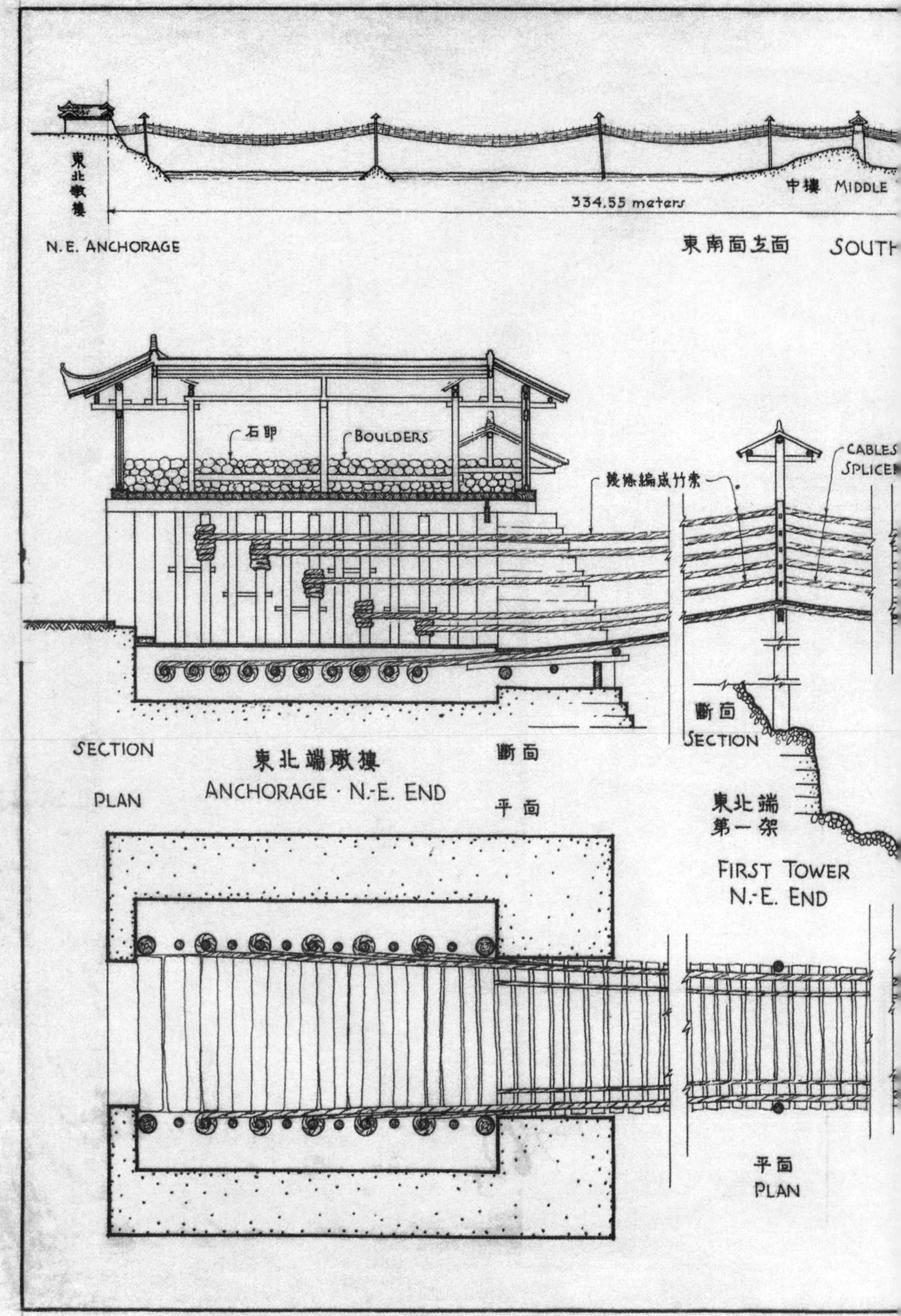
東北墩樓
N. E. ANCHORAGE
334.55 meters
中樓 MIDDLE
東南面立面
SOUTH
石卵
BOULDERS
篾條編成竹索
CABLES
SPLICE
SECTION
東北端墩樓
ANCHORAGE · N.-E. END
斷面
PLAN
平面
斷面
SECTION
東北端
第一架
FIRST TOWER
N.-E. END
平面
PLAN

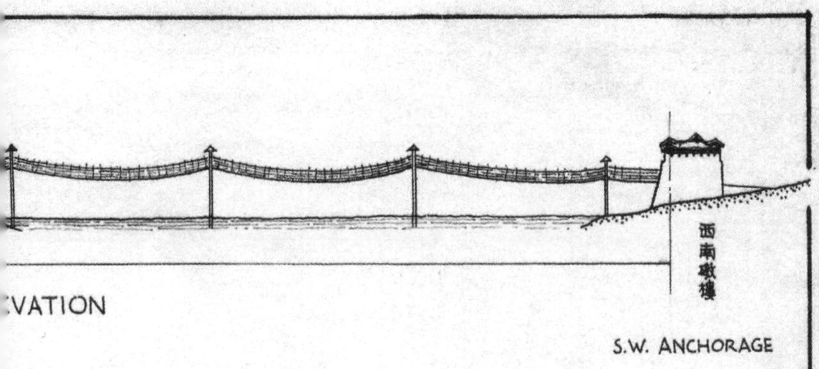

四川灌縣

安瀾橋

(竹索橋)

清嘉慶八年倣宋舊制建
以後每年培修

AN-LAN CH'IAO

BAMBOO
SUSPENSION BRIDGE
KUAN HSIEN
SZECHUAN

CH'ING DYNASTY · 1803
AFTER A SUNG DYNASTY DESIGN
ANNUALLY REPAIRED

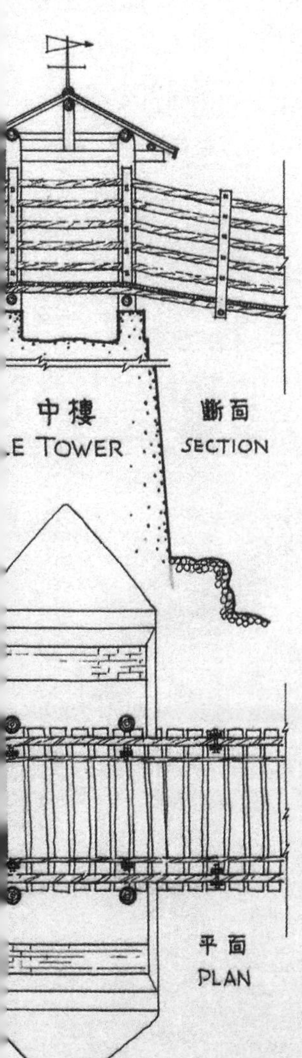

四川灌县安澜桥
（竹索桥）

第七章

曲阜孔庙

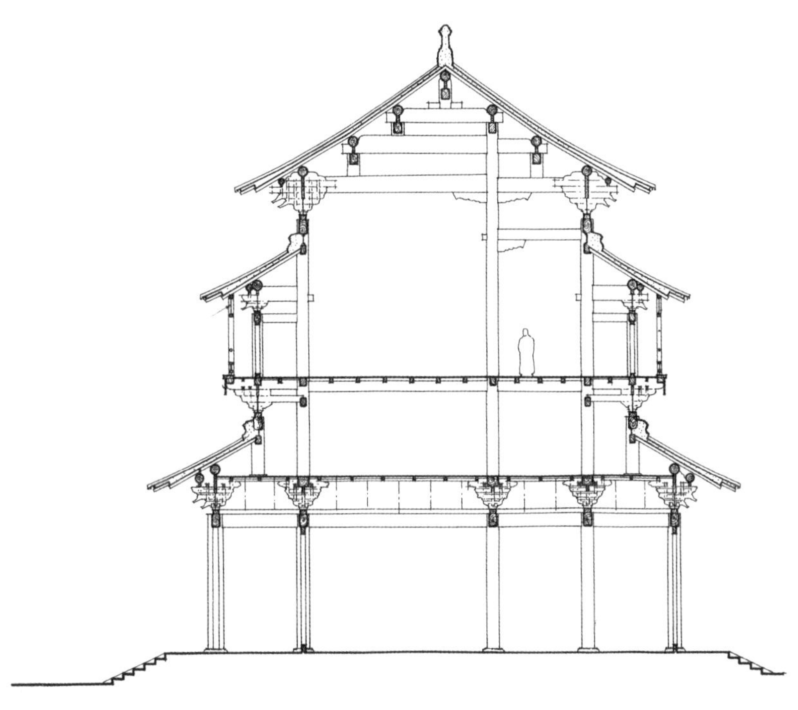

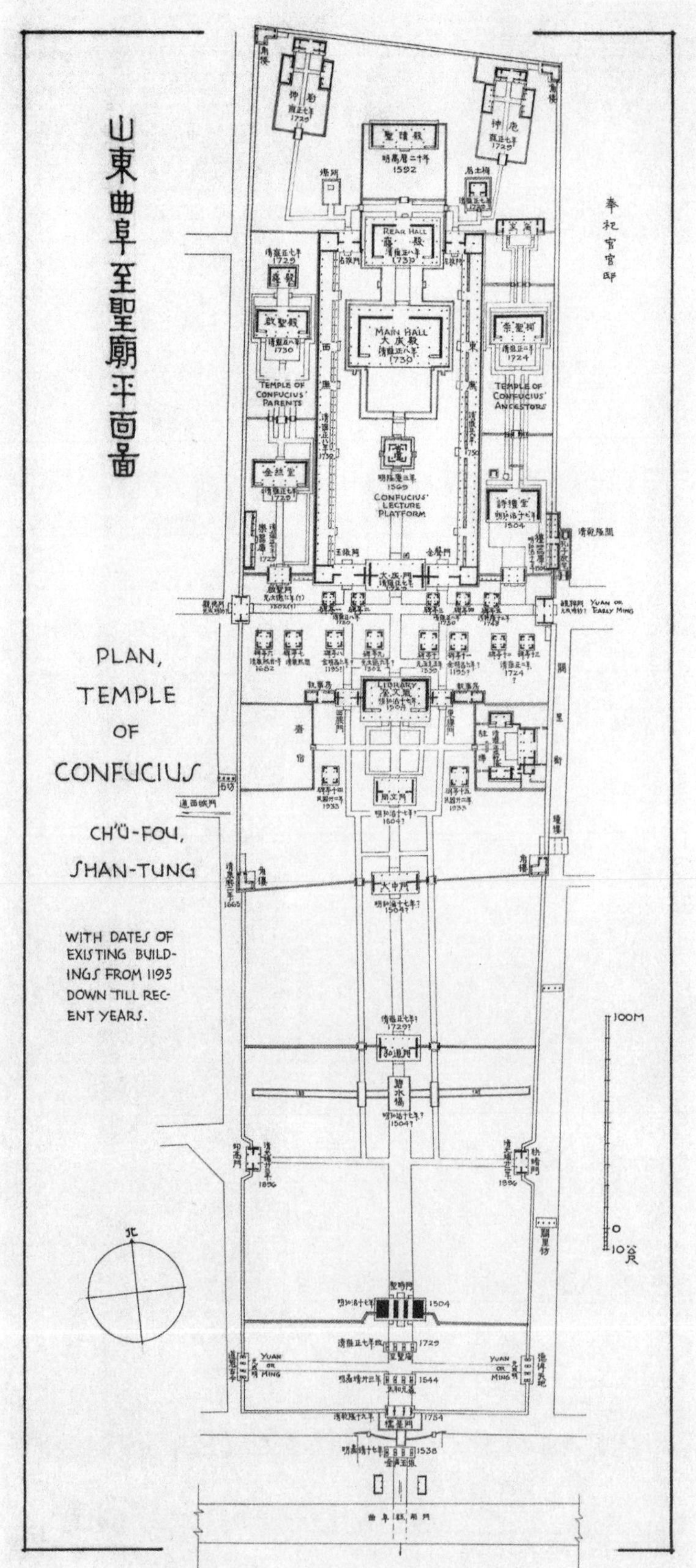
山東曲阜至聖廟平面圖
PLAN, TEMPLE OF CONFUCIUS
CH'Ü-FOU, SHAN-TUNG
WITH DATES OF EXISTING BUILDINGS FROM 1195 DOWN TILL RECENT YEARS.
REAR HALL
MAIN HALL
大成殿
1730
TEMPLE OF CONFUCIUS' PARENTS
TEMPLE OF CONFUCIUS' ANCESTORS
CONFUCIUS' LECTURE PLATFORM
LIBRARY
1504
1592
1729
1724
1569
1538
1544
1784
1896
1665
YUAN OR EARLY MING
YUAN OR MING
100M
0
北

山东曲阜至圣庙平面图

阙里至圣庙为我国渊源最古，历史最长之一组建筑物。盖自孔子故宅居室三间，二千余年来，繁衍以成国家修建，帝王瞻拜之三百余间大庙宇，实世上之孤例。孔庙之扩大，至现有规模，实自宋始。历代屡有增改，然现状之形成，则清雍正、乾隆修葺以后之结果也。

庙制前后共分为庭院八进，贯澈县城南北，分城为东西二部。前面第一进南面正门迩接曲阜县城南门，作棂星门，其内前三进均为空庭，松柏苍茂。每进以丹垣区隔南北，正中辟门。自第四进以北，庙垣四隅建角楼，盖庙地之本身也。其南面正中门曰“大中门”，第四进之北，崇阁曰“奎文”，即明弘治十七年（公元 1504 年）之建筑物也。奎文阁之前，庭院之正中，为同文门，与阁同时建，内立汉魏齐隋唐宋碑十九通。两侧碑亭则民国二十二年（公元 1933 年）所建。庭院左右为驻跸与斋宿。奎文阁之北，为第五进庭院，有碑亭十三座，计金亭二、元亭二、明清亭九。庭院东西为毓粹、观德二门，为城东西二部交通之孔道。自此以北，乃达庙之中心部分，计分为三路；中部入大成门，至大成殿及寝殿。大成门两侧掖门曰“金声门”，曰“玉振门”，其北两侧为东庑、西庑，历代贤哲神位在焉。大成殿之前，庭院正中为杏坛，相传为孔子讲学之址。寝殿之后更进一院为圣迹殿，明万历间建，以藏圣迹图刻石者也。东路南门曰承圣门，为元代遗构；门内为诗礼堂及崇圣祠，祀孔子五代祖先。西路南门曰“启圣门”，亦元建；门内为金堂及启圣殿与寝殿，祀孔子父母。此三路以北又合为最后一进，神庖、神厨在焉。

孔庙除金、明昌两碑亭外，其次古建筑当推承圣门及启圣门，均元大德六年（公元 1302 年）所建。门广三间，深二间，中柱一列，辟门三道，单檐，“不厦两头造”，阑额狭小，普拍枋扁平。斗栱单昂，为平置假昂，而将衬枋头伸引为挑斡，以承金桁。曲阜颜庙祀国公殿，广五间，深三间，单檐，四阿顶。斗栱双下昂，重栱计心造。其柱头铺作用平置假昂，补间铺作则第二层昂后尾挑起。曲阜殿堂，唯此一元构耳。

孔庙各个建筑中，前已略述金碑亭，元承圣、启圣二门，明奎文阁等，清代所建则以大成殿为最重要。大成殿平面广九间、深五间、重檐九脊顶，立于重层石阶基之上，阶基之前更出月台，绕以栏楯。殿四周廊檐柱均用石制，其前面十柱均雕蟠龙围绕，上下对翔，至为雄伟，两侧及后面则为八角柱。其殿身檐柱及内柱则均木制。殿斗栱下檐单抄双昂，上檐单抄三昂，均为平置假昂。现存殿屋建于清雍正八年（公元1730年），盖雍正二年（公元1724年）落雷焚烧后重建也。殿阶石刻则似明代遗物，大成门在大成殿之南，与奎文阁相对。其平面广五间、深两间、单檐九脊顶，立于白石阶基之上，其前后檐柱均为石柱，当心间两平柱雕龙如大成殿之制，斗栱重昂，镏金斗栱与大成殿同为清宫式标准样式。

在我国传统之平面布置上，元、明、清三代仅在细节上略有特异之点。唐、宋以前宫殿庙宇之回廊，至此已加增其配殿之重要性，致廊屋不呈现其连续周匝之现象。佛寺之塔，在辽、宋尚有建于寺中轴线上者，至元代以后，除就古代原址修建者外，已不复见此制矣。宫殿庙宇之规模较大者胥增加其前后进数。若有增设偏院者，则偏院自有前后中轴线，在设计上完全独立，与其侧之正院鲜有图案关系者。观之明、清实例，尤为显著，曲阜孔庙、北平智化寺、护国寺皆其例也。

在屋顶瓦饰方面，瓶（筒瓦）、瓪瓦（板瓦），明、清仍沿前朝之旧，元代琉璃瓦实物未之见。清代琉璃瓦之用极为普遍。黄色最尊，用于皇宫及孔庙；绿色次之，用于王府及寺观；蓝色象天，用于天坛。其他红、紫、黑等杂色，用于离宫别馆。

在古建筑之修葺方面，刘敦桢、卢树森之重修南京栖霞寺塔，实开我修理古建筑之新纪元。北平故都文物之整理，由基泰工程司杨廷宝与中国营造学社刘敦桢、梁思成等共负设计之责，曾修葺天坛、国子监、玉泉山、各牌楼、五塔寺等处古建筑。计划而未实现重修者如曲阜孔庙，曾一度拟修，由梁思成计划。此外如杭州六和塔、赵县大石桥、登封观星台、长安小雁塔等等，皆曾付托中国营造学社计划，皆为战事骤起，未克实现。梁思成、莫宗江设计之南昌滕王阁则为推想古代原状重建之尝试计划也。

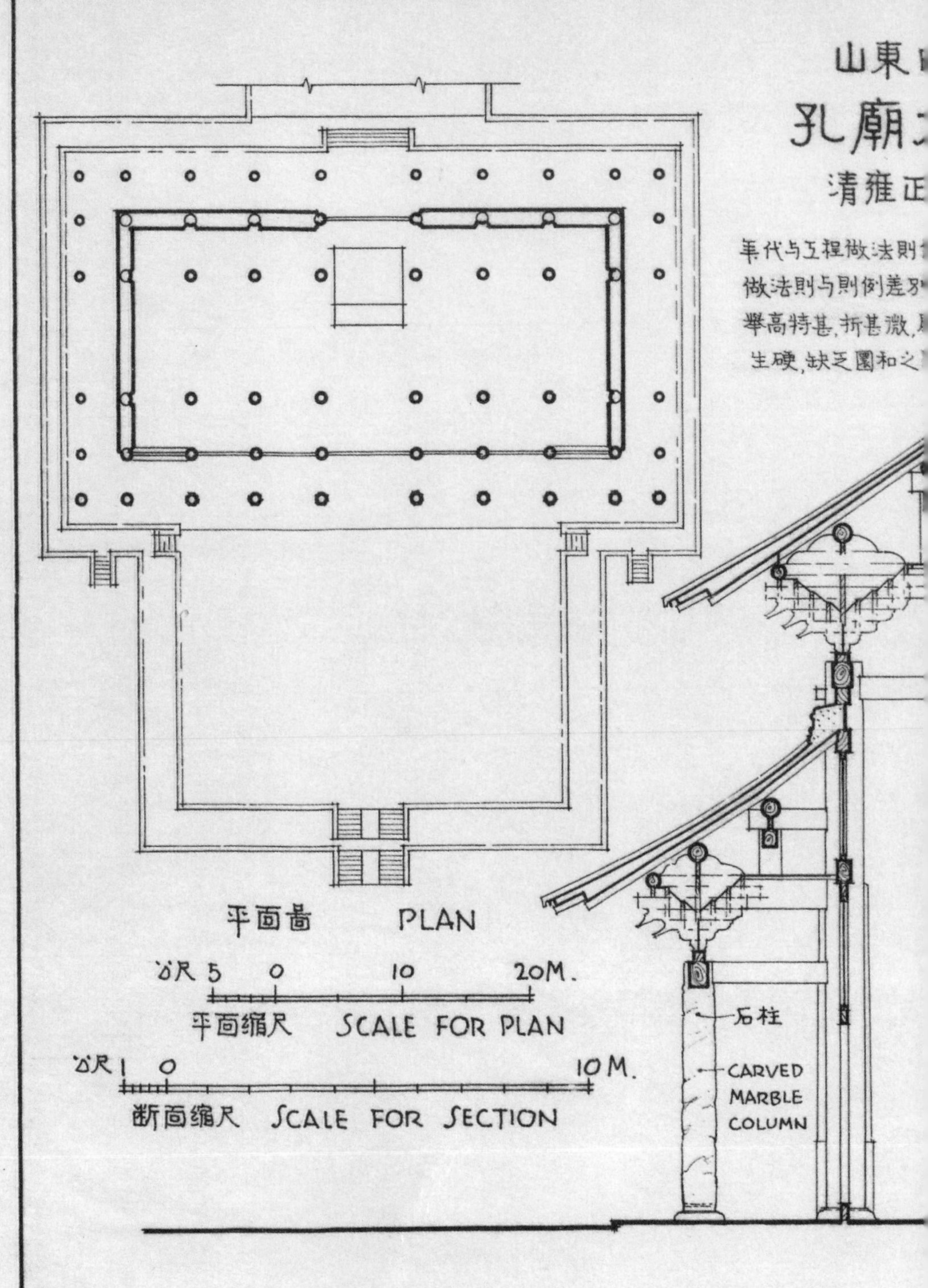
山東
孔廟
清雍正
年代与工程做法則
做法則与則例差别
舉高特甚，折甚微，
生硬，缺乏圜和之
平面圖 PLAN
公尺 5 0 10 20M.
平面縮尺 SCALE FOR PLAN
公尺 1 0 10M.
断面縮尺 SCALE FOR SECTION
石柱
CARVED
MARBLE
COLUMN

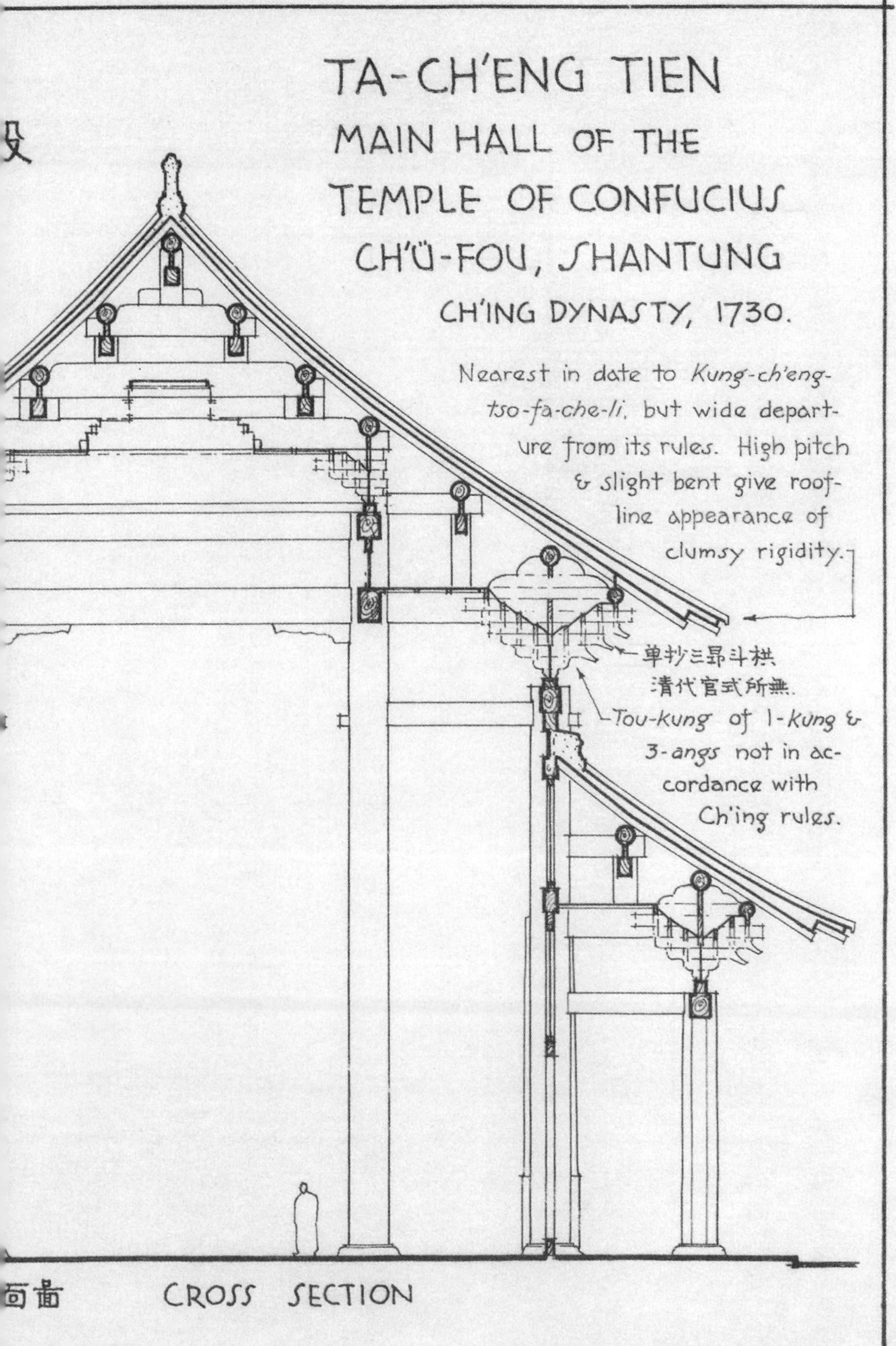

段
TA-CH'ENG TIEN
MAIN HALL OF THE
TEMPLE OF CONFUCIUS
CH'Ü-FOU, SHANTUNG
CH'ING DYNASTY, 1730.
Nearest in date to Kung-ch'eng-tso-fa-che-li, but wide departure from its rules. High pitch & slight bent give roof-line appearance of clumsy rigidity.
单抄三昂斗栱
清代官式所無.
Tou-kung of 1-kung & 3-angs not in accordance with Ch'ing rules.
面
CROSS SECTION

孔庙大成殿平面及剖面图

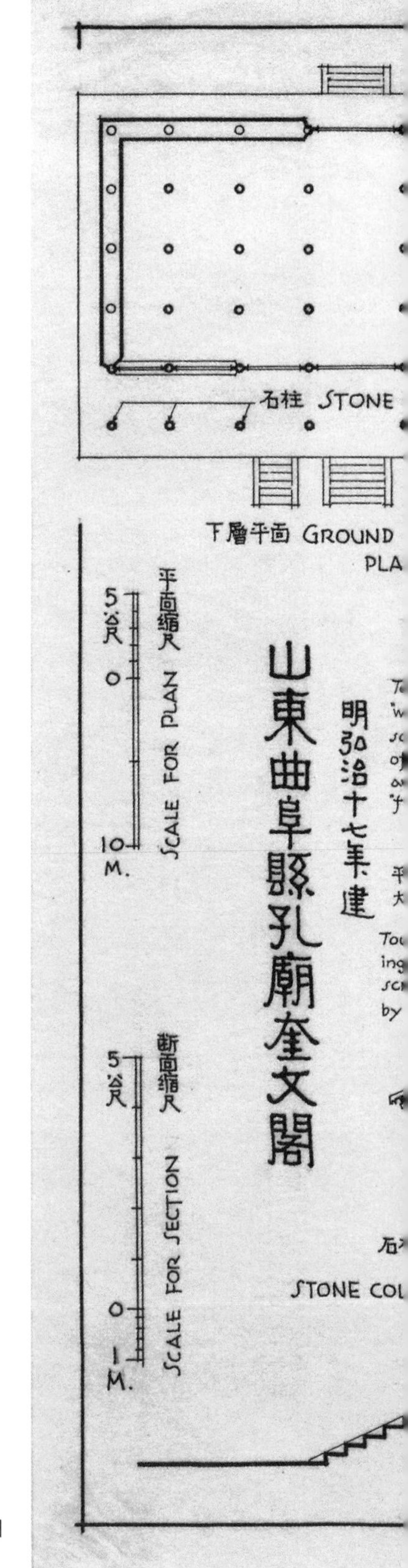

孔庙奎文阁平面及断面图

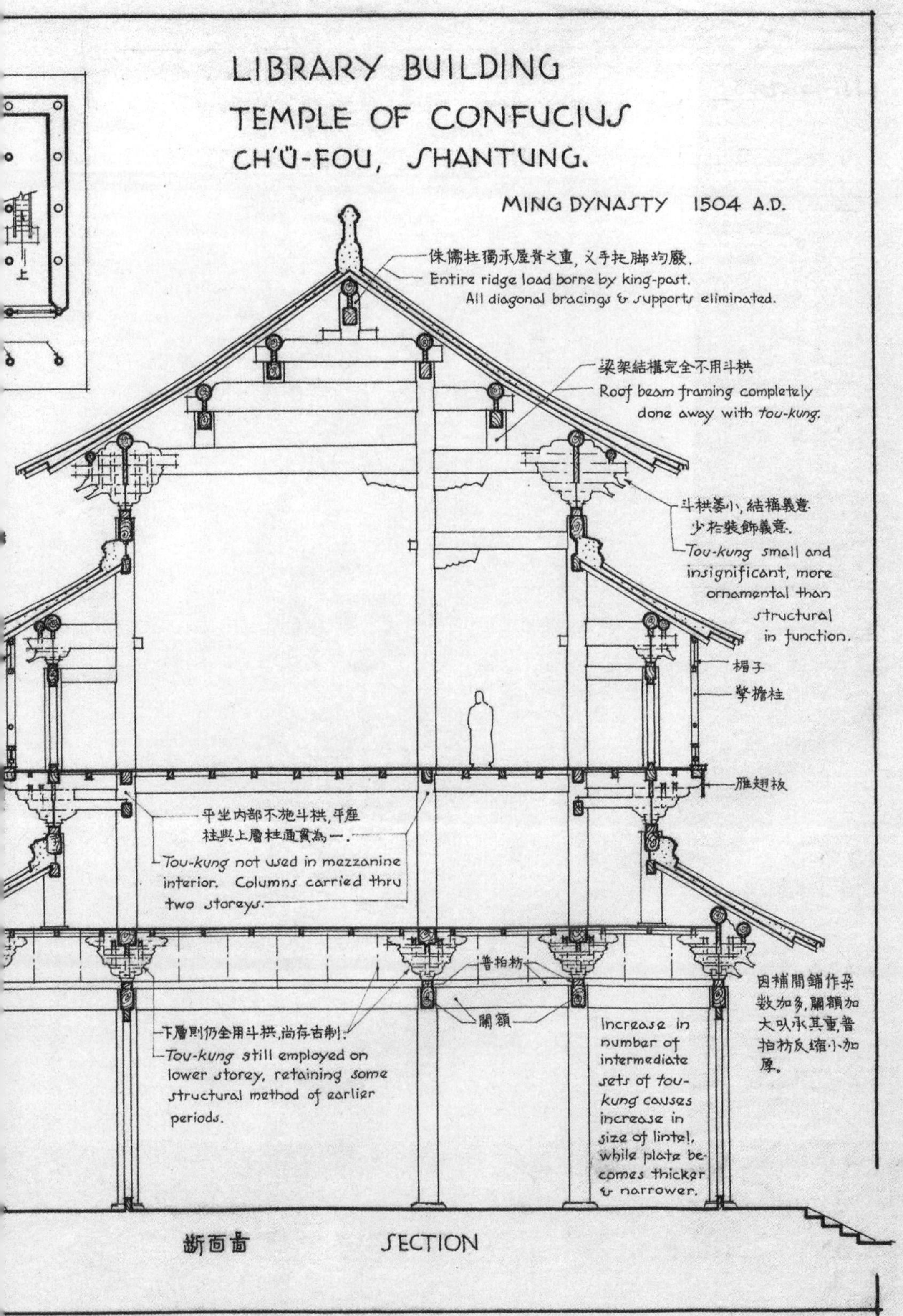

LIBRARY BUILDING
TEMPLE OF CONFUCIUS
CH'Ü-FOU, SHANTUNG.
MING DYNASTY 1504 A.D.
侏儒柱獨承屋脊之重，义手托脚均廢.
Entire ridge load borne by king-post.
All diagonal bracings & supports eliminated.
梁架結構完全不用斗栱
Roof beam framing completely done away with *tou-kung*.
斗栱萎小，結構義意少於裝飾義意.
Tou-kung small and insignificant, more ornamental than structural in function.
榻子
擎檐柱
雁翅板
平坐内部不施斗栱，平座柱與上層柱通貫為一.
Tou-kung not used in mezzanine interior. Columns carried thru two storeys.
普拍枋
闌額
下層則仍全用斗栱，尚存古制.
Tou-kung still employed on lower storey, retaining some structural method of earlier periods.
Increase in number of intermediate sets of *tou-kung* causes increase in size of lintel, while plate becomes thicker & narrower.
因補間鋪作朶数加多，闌額加大以承其重，普拍枋反縮小加厚.
斷面圖
SECTION

STELE PAVILION, TEMPLE OF CONFUC

CHÜ-FOU, SHAN-TUNG, CHIN DYNASTY 1196 A.D.

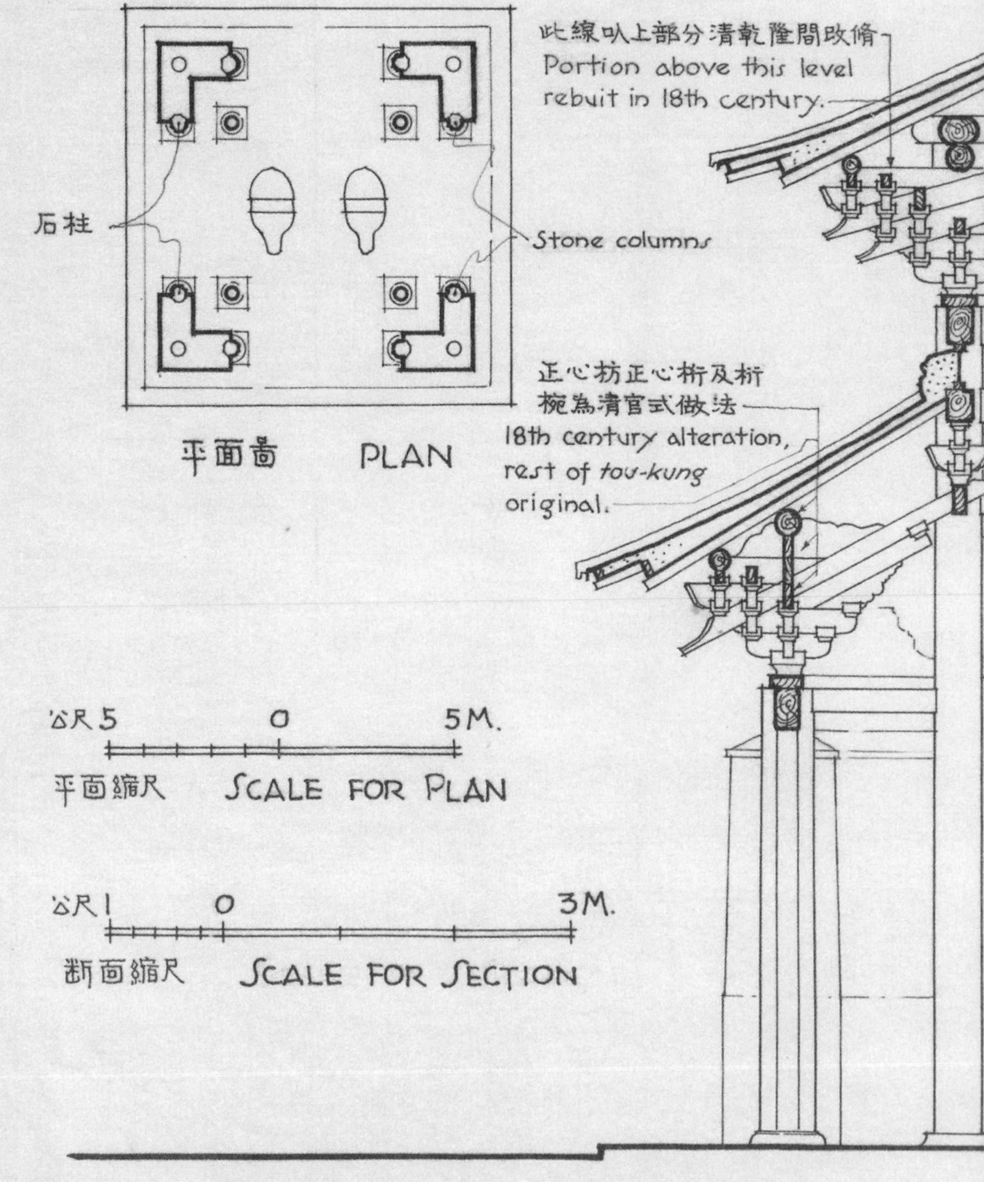

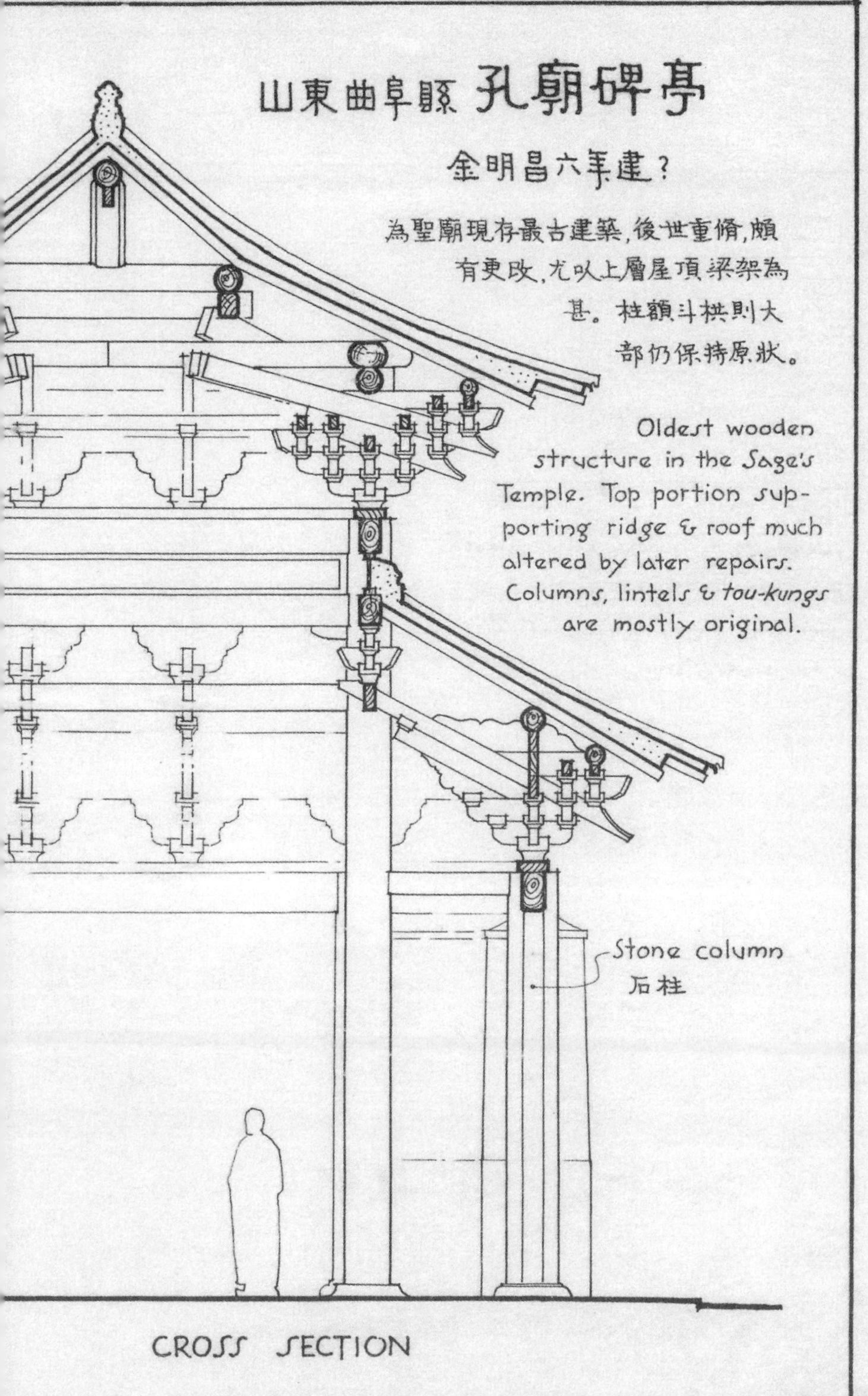
山東曲阜縣 孔廟碑亭
金明昌六年建？
為聖廟現存最古建築，後世重脩，頗有更改，尤以上層屋頂梁架為甚。柱額斗栱則大部仍保持原狀。
Oldest wooden structure in the Sage's Temple. Top portion supporting ridge & roof much altered by later repairs. Columns, lintels & tou-kungs are mostly original.
Stone column
石柱
CROSS SECTION

孔庙碑亭平面及剖面图

孔庙大成殿柱及柱础

自元代以后，梭柱之制仅保留于南方，北方以直柱为常制矣。宣平延福寺元代大殿内柱，卷杀之工极为精美，柱外轮线圆和，至为悦目。柱下复用木石础，如宋《营造法式》之制，北地官式用柱，至清代而将径与高定为一与十之比，柱身仅微收分，而无卷杀。柱础之上雕为鼓镜，不加雕饰。但在各地则柱之长短大小亦无定则，或方或圆随宜选造。而柱础之制江南巴蜀率多高起，盖南方卑湿，为隔潮防腐计，势所使然，而柱础雕刻，亦多发展之余地矣。

文庙建筑之用石柱为一普遍习惯，曲阜大成殿、大成门、奎文阁等均用石柱，而大成殿蟠龙柱尤为世人所熟识。但就结构方法言，石柱与木合构，将柱头凿卯以接受木阑额之榫头，究非用石之道也。

孔庙奎文阁

曲阜孔庙本无奎文阁。至宋天禧二年（公元1018年）始建“书楼”，金明昌二年（公元1191年）赐名“奎文”。现存之奎文阁则明弘治十七年（公元1504年）所重建也。阁在大成门之外；广七间，深五间，高两层，中夹暗层，檐三重，九脊顶，下层四周擎檐俱石柱，立于砖石阶基之上。阁之构架可分为上下两半，下半为下层，上半为平坐以上之全部。盖下层诸柱之上施列斗栱，以承平坐柱，而自平坐以上，则内外诸柱均直通上层，虽平坐柱头铺作，亦由柱身出华栱。其制已迥异于辽、宋古法矣。在柱之分配上，下层当心间减去前面两内柱，而上层则前面内柱一列全数减去，以求宽敞。三层檐均承以斗栱，并平坐斗栱共为斗栱四层。但上层腰檐之外缘平坐四周施擎檐柱及绦环楣子。平坐斗栱掩以雁翅版，故骤观唯上下两檐斗栱为显著。阁所用昂均为平置假昂，后尾不挑起，为明、清标准做法。但柱头铺作上所出梁头，已较华栱宽加倍，清式挑尖梁头之雏型，已形成矣。

孔庙碑亭

曲阜孔庙大成门外有碑亭十三，其中二亭建于金明昌六年（公元1195 年），为孔庙最古之建筑物。亭平面正方形，重檐九脊顶；檐柱石制，八角形，下檐斗栱单杪单昂重栱计心造；昂尾交于上檐柱间枋上。上檐斗栱单杪双下昂，第二层昂尾挑起，以承下平槫及两际平梁之下。两檐椽及顶部梁架，恐为清代改作。

第八章

石窟

大門 GATE WAY
木塔
WOODEN T'A
(PAGODA)
中部第八洞東壁浮彫佛殿
THREE-BAYED TEMPLE HALL
木塔 WOODEN PAGODA
中部第八洞獸形斗拱
DOUBLE-LION TOU-KUNG
PERSIAN INFLUENCE
中部第八洞
伊阿尼-式柱
"IONIC" CAPITAL
GREEK INFLUENCE
藻井四種 CAISSON CEILINGS
ARCHITECTURE IN THE
YÜN-KANG CAVES, TA-T'UNG,
SHANSI, WEI DYNASTY
EXECUTED BETWEEN 450 & 500 A.D.
雲岡石窟所表現之北魏建築

云冈石窟所表现之北魏建筑

云冈石窟所表现之北魏建筑

沙门昙曜于北魏文成帝兴安二年（公元453年），“凿山石壁，开窟五所，镌建佛像各一，高者七十尺，次六十尺。雕饰奇伟，冠于一世”，今山西大同县西之云冈石窟是也。现存大窟十九。壁龛无数。昙曜所开五窟，在崖壁西部，其平面作椭圆形，佛像形制，最为古拙。洞中仅刻佛菩萨像，壁上无佛绩图或其他雕饰。其次则中部诸窟，其平面之布置，多作方形，窟前多有长方形外室，门作两石柱，壁上多佛迹及建筑型之雕饰，为孝文帝太和间所凿。更有窟中镌塔柱者，雕为四方木塔形。

就窟本身论，以中部太和间造诸窟为最饶建筑趣味，外室之前，多镌两柱，为三间敞廊。其外壁多风化，难知原状。柱则八角形，下承以须弥座，柱头如大斗。外室与内室之间为门，门上有斗栱承屋檐瓦顶。门之上多开窗。

外室壁有镌作佛殿或龛像者。内室或镌塔柱于窟室中央，或镌佛像倚后壁。壁多横分若干层，饰以浮雕佛迹图，佛菩萨像，或塔形。窟顶上部多雕为方格天花。窟内雕刻所表现建筑形式颇多，其所表现之全部建筑，有塔及殿宇两种。塔有塔柱与浮雕塔两种。塔柱平面均方形，雕柱、檐、斗栱。每面分作三间或五间，每间内浮雕佛像。其上部直顶窟顶，故未能将塔顶刻出；其下部各层，则为当时木建筑之忠实模型。《洛阳伽蓝记》所记永宁寺九层浮图即此类也。此式实物，尚见于日本奈良之法隆寺，盖隋代高丽僧所建，其形制则魏、齐之法也。窟壁浮雕，亦有此式木塔。

浮雕塔有一层、三层、五层、七层者。多层者木塔型最多，石或砖塔则多单层，塔下均有座，或素方或作须弥座。各层檐脊均有合角鸱尾；顶上刹有须弥座，四角饰山华焦叶，其上为覆钵，钵上相轮五重或七重，尖施宝珠。《后汉书 · 陶谦传》所谓“上累金盘，下为重楼”殆即此式木塔。

窟壁浮雕殿宇有将壁之一面刻成佛殿正面形者，其柱、檐、斗栱、屋顶各部，率多清晰，各间作龛供佛菩萨像。壁上浅刻佛迹图中之建筑物，则缩尺较小建筑部分之表现不及前者清晰。

雕刻所表现之建筑部分，则有阶基、柱、阑额、斗栱、屋顶、门、龛、勾栏、踏步、藻井、雕饰等等。其柱有显著印度、波斯、希腊影响。斗栱已有汉代所无之新元素。勾栏之制，直传宋辽；藻井样式，于今犹见。

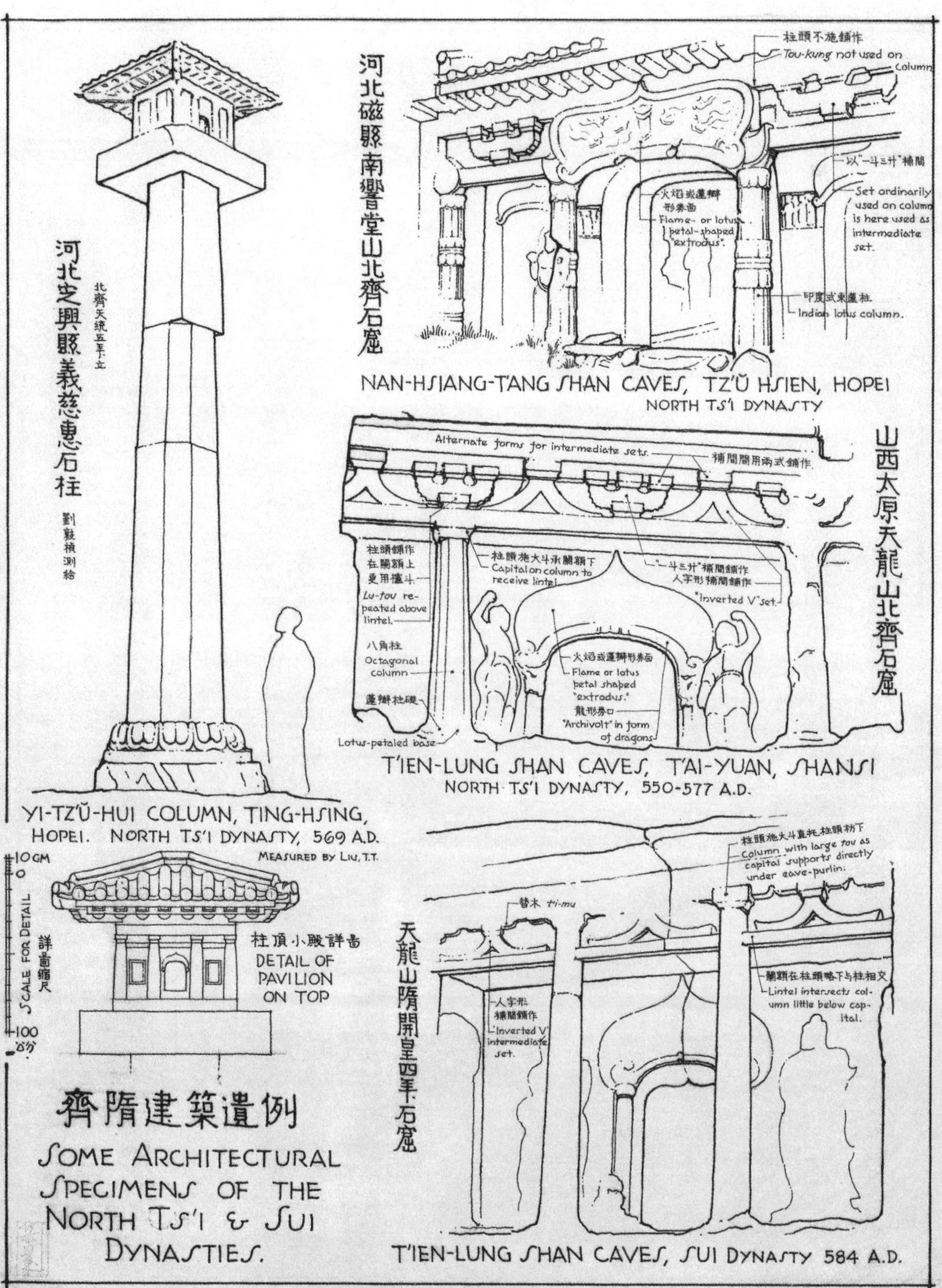
河北定興縣義慈惠石柱
北齊天統五年立
劉敦楨測繪
YI-TZŬ-HUI COLUMN, TING-HSING, HOPEI. NORTH TS'I DYNASTY, 569 A.D.
MEASURED BY LIU, T.T.
柱頂小殿詳圖
DETAIL OF PAVILION ON TOP
詳圖縮尺
SCALE FOR DETAIL
河北磁縣南響堂山北齊石窟
柱頭不施鋪作
Tou-kung not used on column
以"一斗三升"補間
Set ordinarily used on column is here used as intermediate set.
火焰或蓮瓣形券面
Flame- or lotus petal-shaped "extrodus".
印度式束蓮柱
Indian lotus column.
NAN-HSIANG-T'ANG SHAN CAVES, TZ'Ŭ HSIEN, HOPEI
NORTH TS'I DYNASTY
山西太原天龍山北齊石窟
Alternate forms for intermediate sets.
補間間用兩式鋪作
柱頭鋪作在闌額上更用櫨斗
Lu-tou repeated above lintel.
柱頭施大斗承闌額下
Capital on column to receive lintel
"一斗三升"補間鋪作
人字形補間鋪作
"Inverted V" set.
八角柱
Octagonal column
蓮瓣柱礎
Lotus-petaled base
火焰或蓮瓣形券面
Flame or lotus petal shaped "extrodus."
龍形券口
"Archivolt" in form of dragons
T'IEN-LUNG SHAN CAVES, T'AI-YUAN, SHANSI
NORTH TS'I DYNASTY, 550-577 A.D.
天龍山隋開皇四年石窟
柱頭施大斗直托柱頭枋下
Column with large tou as capital supports directly under eave-purlin.
替木 ti-mu
人字形補間鋪作
"Inverted V" intermediate set.
闌額在柱頭略下與柱相交
Lintel intersects column little below capital.
T'IEN-LUNG SHAN CAVES, SUI DYNASTY 584 A.D.
齊隋建築遺例
SOME ARCHITECTURAL SPECIMENS OF THE NORTH TS'I & SUI DYNASTIES.

齐隋建筑遗例

齐隋建筑遗例

义慈惠石柱 河北定兴县石柱村石柱，北齐天统五年（公元569年）建。柱八角形立于覆莲础上，其上置石刻三间，小殿一间。就全体言，为一种纪念性之建筑物；就其上小殿言，则当时木构之忠实模型。殿以石板一块为阶基，殿阔三间，深两间。柱身卷杀为“梭柱”，额上施椽及角梁。上为瓦顶、四注而无鸱尾。

天龙山石窟 北齐幼主“凿晋阳西山为大佛像”，即今太原天龙山石窟是也。齐石窟之规模虽远逊于元魏，然在建筑方面，则其所表现、所予观者之印象较为准确。窟室之前，凿为廊，三间两柱，柱八角形，下有覆莲柱础，上为栌斗柱头。阑额施于柱头斗上，以一斗三升及人字形补间铺作相间。惜檐瓦未雕出，廊后壁辟圆券门，券面作尖拱，尖拱脚以八角柱承之，仍富印度风采。

响堂山石窟 河北磁县与河南省交界处，南北响堂山北齐石窟为当时石窟中受印度影响最重者。窟前廊柱均八角形，柱头、柱中、柱脚均束以莲瓣，柱上更作火焰形尖栱，将当心间檐下斗栱部分完全遮盖。其全部所呈现象最为凑杂奇特。

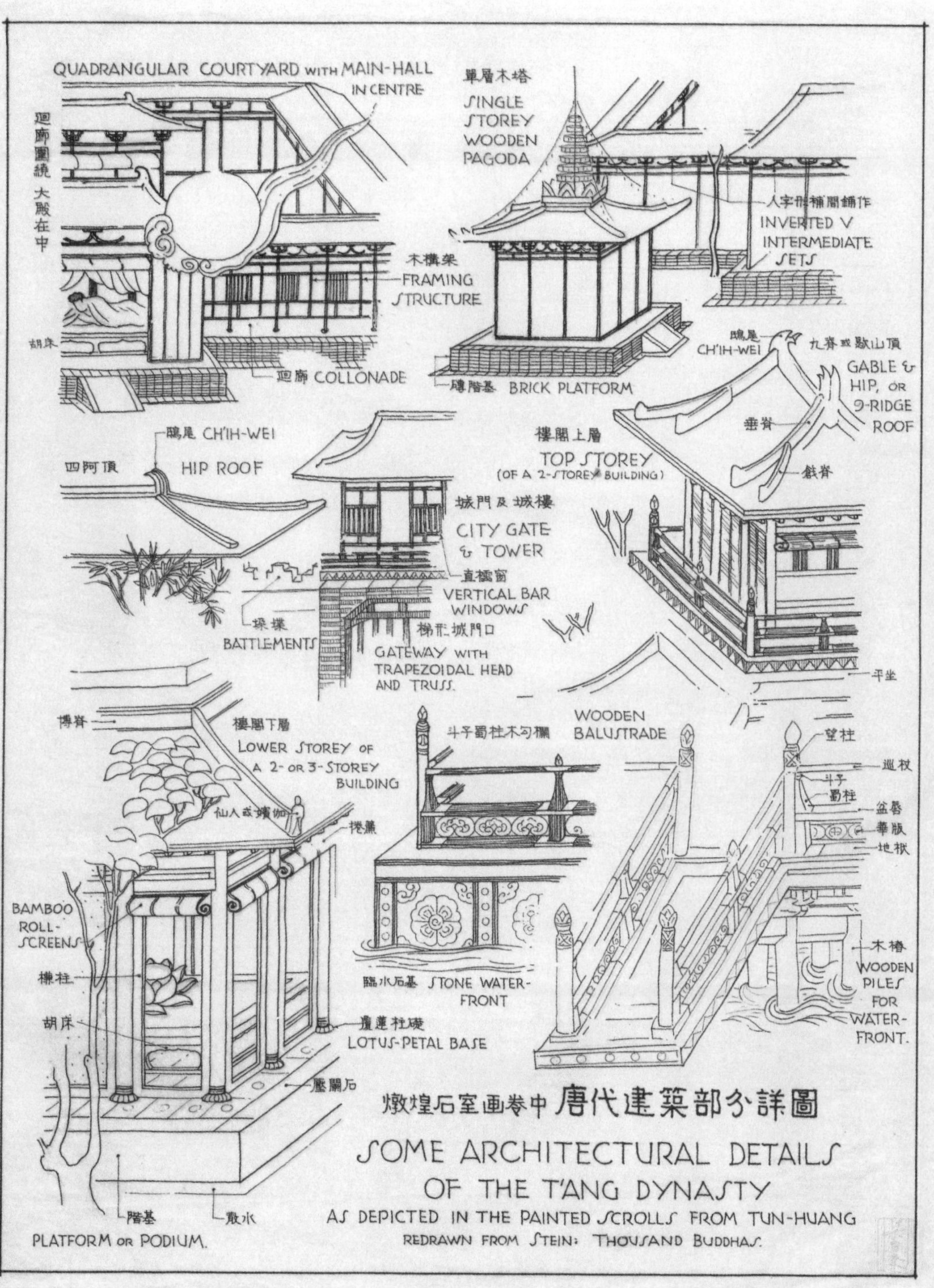

敦煌石室画卷中唐代建筑部分详图

敦煌石室画卷中唐代建筑

敦煌壁画 敦煌窟壁之画及密室中发现画卷中，多净土变相，以殿宇楼阁为背景，可作为唐代之理想建筑图，其各部细节亦描画逼真。总计壁画中所绘建筑类型，有殿堂、楼阁、门楼、角楼、廊亭、围墙、城郭、塔寺等。而此诸建筑物间之联系，其平面布置，亦可借窥大略。

平面布置 唐代屋宇，无论其为宫殿、寺观或住宅，其平面布置均大致相同，故长安城中佛寺、道观等，由私人“舍宅”建立者不可胜数。今唐代建筑之存在者仅少数殿宇浮图，无全部院庭存在者，故其平面布置，仅得自敦煌壁画考之。

唐代平面布置之基本观念为四周围墙，中立殿堂。围墙或作为回廊，每面正中或适当位置辟门，四角建角楼，院中殿堂数目，或一或二、三均可。

佛寺正殿以前亦有以塔与楼分立左右者，如敦煌第一一七窟五台山图中“南台之寺”，其实例则有日本奈良之法隆寺。在较华丽之建置中，正殿左右亦有出复道或回廊，折而向前，成凵字形，而两翼尽头处更立楼或殿者，如大明宫含元殿——夹殿两阁，左曰“翔鸾阁”，右曰“栖凤阁”，与殿飞廊相接；及敦煌净土变相图及乐山龙泓寺摩崖所见。

城廓 敦煌壁画中所画城廓颇多，似均砖甃。城多方形，在两面或四面正中为城门楼，四隅则有角楼，均以平坐立于城上。城门口作梯形“券”，为明以后所不见。城上女墙，或有或无，似无定制。

桥梁 唐代桥梁，至今尚无确可考者。敦煌壁画中所见颇多，均木造，微拱起，旁施勾栏，与日本现代木桥极相似。至于隋安济桥，以一单券越如许长跨，加之以空撞券之结构，至为特殊，且属孤例，不可作通常桥型论也。

阶基及踏道　唐代阶基实物现存者甚少，大雁塔、小雁塔及佛光寺大殿虽均有阶基，然均经后代重修，是否原状甚属可疑。墓塔中有立于须弥座上者，然其下是否更有阶基，亦成问题。敦煌壁画佛塔均有阶基，多素平无叠涩；大雁塔门楣石所画大殿阶基亦素平，其下地面且周以散水，如今通用之法。阶基前踏道一道，唯大雁塔楣石所画大殿则踏道分为左右，正中不可升降，即所谓东、西阶之制。

平坐　凡殿宇之立于地面或楼台塔阁之下层，均有阶基；但第二层以上或城垣高台之上建立木构者，则多以平坐、斗栱代替阶基，其基本观念乃高举之木构阶基也。玄宗毁武后明堂，“去柱心木，平坐上置八角楼”。此盖不用柱心木建重楼之始，为结构法上一转戾点殊堪注意。敦煌壁画中楼阁城楼等皆有平坐，然实物则尚未见也。

勾栏　阶基或平坐边缘之上，多有施勾栏者。自北魏以至唐、宋，六七百年间，勾栏之标准样式为“钩片勾栏”，以地栿、盆唇、巡杖及斗子蜀柱为其构架，盆唇、地栿及两蜀柱间以“L”及“工”形相交作华板。敦煌壁画中所见极多。其实例则栖霞山五代舍利塔勾栏也。

斗栱　何晏《景福殿赋》有“飞昂鸟踊”之句，是至迟至三国已有昂矣。佛光寺大殿柱头铺作出双杪双下昂，为昂之最古实例。其第一、第三两跳偷心。第二跳华栱跳头施重栱，第四跳跳头昂上令栱与耍头相交，以承替木及橑檐榑。其后尾则第二跳华栱伸引为乳栿，昂尾压于草栿之下。其下昂嘴斜杀为批竹昂。敦煌壁画所见多如此，而在宋代则渐少见，盖唐代通常样式也。转角铺作于角华栱及角昂之上，更出由昂一层，其上安宝瓶以承角梁，为由昂之最古实例。

构架 佛光寺大殿平梁之上不立侏儒柱以承脊槫，而以两叉手相抵，如人字形斗栱。宋、辽实物皆有侏儒柱而辅以叉手，明、清以后则仅有侏儒柱而无叉手。敦煌壁画中有绘未完之屋架者，亦仅有叉手而无侏儒柱，其演变之程序，至为清晰。

藻井 佛光寺大殿平闇用小方格，日本同时期实物及河北蓟县独乐寺辽观音阁平闇亦同此式。敦煌唐窟多作盝顶，其四面斜坡画作方格，中部多正形，抹角逐层叠上，至三层、五层不等。

瓦及瓦饰 佛光寺大殿现存瓦已非原物，故唐代屋瓦及瓦饰之形制，仅得自间接资料考之。筒瓦之用极为普遍，雁塔楣石所见尤为清晰，正脊两端鸱尾均曲向内，外沿有鳍状边缘，正中安宝珠一枚，以代汉、魏常见之凤凰。正脊、垂脊均以筒瓦覆盖，其垂脊下端微翘起，而压以宝珠。屋檐边线，除雁塔楣石所画，至角微翘外，敦煌壁画所见则全部为直线，实物是否如此尚待考也。

雕饰 雕饰部分可分为立体、平面两种，立体者为雕塑品，平面者为画、屋顶雕饰，仅得见于间接资料，顷已论及。石塔券形门有雕火珠形券面者，至于平面装饰，最重要者莫如壁画。《历代名画记》所载长安洛阳佛寺、道观几无壁画者，如吴道子、尹琳之流，名手辈出。今敦煌千佛洞中壁画，可示当时壁画之一般。今中原所存唐代壁画，则仅佛光寺大殿内栱眼壁一小段耳。至于梁枋等结构部分之彩画，则无实例可考。天花藻井及壁画边缘图案，则敦煌实例甚多，一望而知所受希腊影响之颇为显著也。

第九章

陵墓

四川宜賓無名墓 南宋孝宗朝(?)建

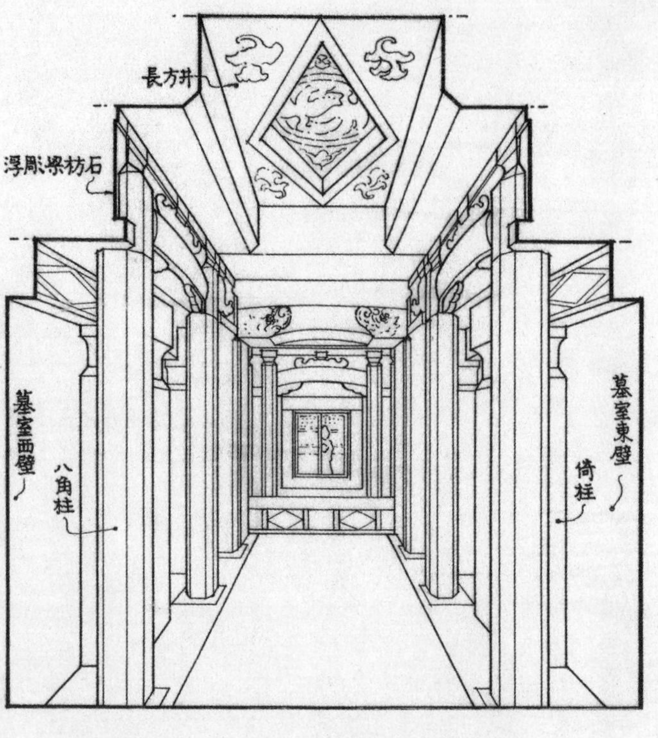

内部 INTERIOR VIEW

平面 PLAN

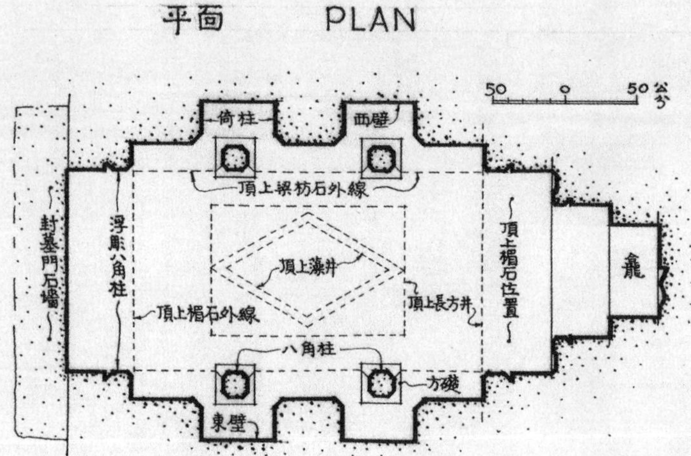

AN UNIDENTIFIED TOMB C. 1170

I-PIN SZECHUAN

四川宜宾无名墓

四川宜宾无名墓

宜宾墓室在四川宜宾县旧州坝宋故城之北。墓室全部石造，平面长方形，墓门自狭面入，两侧各立四柱，划分三间；柱外两侧又为“廊”，与墓门相对方向，亦立双柱，其下镌小龛如门状。各柱均八角形，其上镌大斗、阑额、驼峰、补间铺作等。左右两廊之内，每间倚壁立硕大矮墩，其上承庞大栌斗。柱上阑额当心间者均作月梁形，其下则引次间材出为绰幕。墓室顶部则作长方形藻井，其上更作菱形池，雕双凤流云纹。此墓室内部对于建筑各件之应用，颇能得心应手，而非绝对模仿木构者，与欧洲文艺复兴建筑之应用古典式建筑部分颇有相似之处，在现已发现之古墓中，尚属孤例也。就各部细节观之，墓为南宋遗物，殆无可疑。

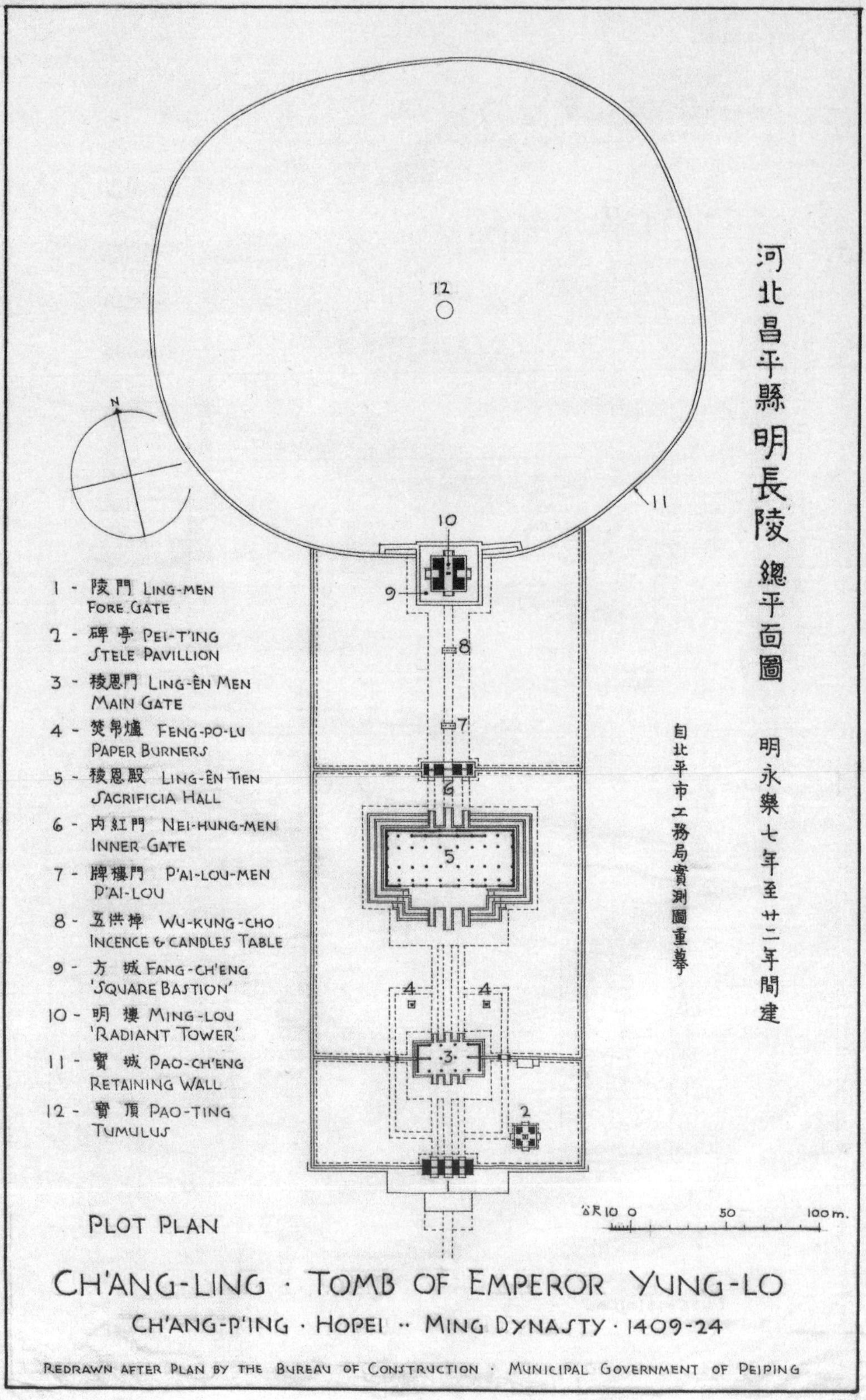

河北昌平縣明長陵總平面圖

明永樂七年至廿二年間建

自北平市工務局實測圖重摹

12

11

10

9

8

7

6

5

4 4

3

2

1

1 - 陵門 LING-MEN
FORE GATE

2 - 碑亭 PEI-T'ING
STELE PAVILLION

3 - 祾恩門 LING-ÊN MEN
MAIN GATE

4 - 焚帛爐 FENG-PO-LU
PAPER BURNERS

5 - 祾恩殿 LING-ÊN TIEN
SACRIFICIA HALL

6 - 内紅門 NEI-HUNG-MEN
INNER GATE

7 - 牌樓門 P'AI-LOU-MEN
P'AI-LOU

8 - 五供桌 WU-KUNG-CHO
INCENCE & CANDLES TABLE

9 - 方 城 FANG-CH'ENG
'SQUARE BASTION'

10 - 明 樓 MING-LOU
'RADIANT TOWER'

11 - 寶 城 PAO-CH'ENG
RETAINING WALL

12 - 寶 頂 PAO-TING
TUMULUS

公尺10 0 50 100 m.

PLOT PLAN

CH'ANG-LING · TOMB OF EMPEROR YUNG-LO

CH'ANG-P'ING · HOPEI ·· MING DYNASTY · 1409-24

REDRAWN AFTER PLAN BY THE BUREAU OF CONSTRUCTION · MUNICIPAL GOVERNMENT OF PEIPING

河北昌平县明长陵总平面图

河北昌平县明长陵

明代陵寝之制，自太祖营孝陵于南京，迥异古制，遂开明、清两代帝陵之型范。按自秦、汉二代，皇帝陵寝厚葬之习始盛。始皇陵建陵园游馆，汉陵有寝庙之设。自唐太宗昭陵设上下二宫，上宫有献殿，仍如汉陵之寝；降至南宋犹有二宫。明太祖营孝陵，不作二宫，陵门以内，列神厨、神库殿门、享殿、东西庑，平面作长方形之大组合。其后成祖营长陵于昌平天寿山，悉遵孝陵旧法，而宏敞过之；献陵、景陵以次迄于思陵，悉仍其制凡十三陵。清代诸陵犹效法焉。

十三陵之中，以长陵为最大。陵以永乐七年（公元 1409 年）兴工，十三年（公元 1415 年）完成。陵可分为二大部分：宝顶及其前之殿堂是也。殿堂东西南北四面周以缭墙，在中线上，由外而内为：陵门、祾恩门、祾恩殿、内红门、牌坊、石几筵、方城、明楼、宝顶。

陵门为三道砖券门，单檐九脊顶。门外，明时，左有宰牲亭，右为具服殿五间，今已不存。门内中为御道，东侧为碑亭，重檐九脊顶，有巨碑。亭东昔有神厨，御道西有神库，今俱毁。祾恩门五间，单檐九脊顶，立于白石阶基上。中三间辟门，阶基前后各为踏道三道。祾恩门内广场御道两侧有琉璃焚帛炉各一。东西原有东西庑十五间，久毁无存。

其北为祾恩殿，巍然立于三层白石阶上，即上文所举之木构也。殿北为内红门三洞，门内复另为一院，院北方城明楼，巍然高耸。方城为正方形之砖台，其下为圆券甬路，内设阶级以达城上明楼。甬道北端置琉璃照壁，照壁后即下通地宫之羡道入口也。明楼形制如碑亭，重檐九脊顶，楼身砖砌，贯以十字穹窿，中树丰碑曰“成祖文皇帝之陵”。楼后土阜隆起为宝顶，周以砖壁，上砌女墙，为宝城。

地宫结构，文献无可征，实物亦未经开掘调查，尚不悉其究竟，但清代诸陵现存图样颇多，其为模仿明陵地宫之作，殆无疑义，亦可藉以一窥明代原型之大略也。

长陵以南，为长七公里余之神道。其最南端为石牌坊，五间十一楼，嘉靖十九年（公元 1540 年）建。次为大红门砖砌三洞，单檐九脊顶，建造年代待考。次为碑亭及四华表，再次石柱二，石人、石兽三十六躯，均宣德十年（公元 1435 年）建。自石柱至最北石人一对，全长几达八百公尺，两侧巨像，每四十四公尺余一对对立，气象雄伟庄严，无与伦比。次为棂星门，俗呼龙凤门，门三间并列，石制，更次乃达陵门。

十三陵之中以长陵规模为最大，保存亦最佳，民国二十四年（公元 1935 年）曾由北平市政府修葺，其他各陵殿宇多已圮毁，设不及早修葺，则将成废墟矣。

明、清陵墓之制，前建戟门享殿，后筑宝城宝顶，立方城明楼，皆为前代所无之特殊制度。明代戟门称祾恩门，享殿称“祾恩殿”；清代改祾恩曰“隆恩”。明代宝城，如南京孝陵及昌平长陵，其平面均为圆形，而清代则有正圆至长圆不等。方城明楼之后，以宝城之一部分作月牙城，为清代所常见，而明代所无也。然而清诸陵中，形制亦极不一律。除宝顶之平面形状及月牙城之可有可无外，并方城明楼亦可省却者，如西陵之慕陵是也。至于享殿及其前之配置，明、清大致相同，而清代诸陵尤为一律。

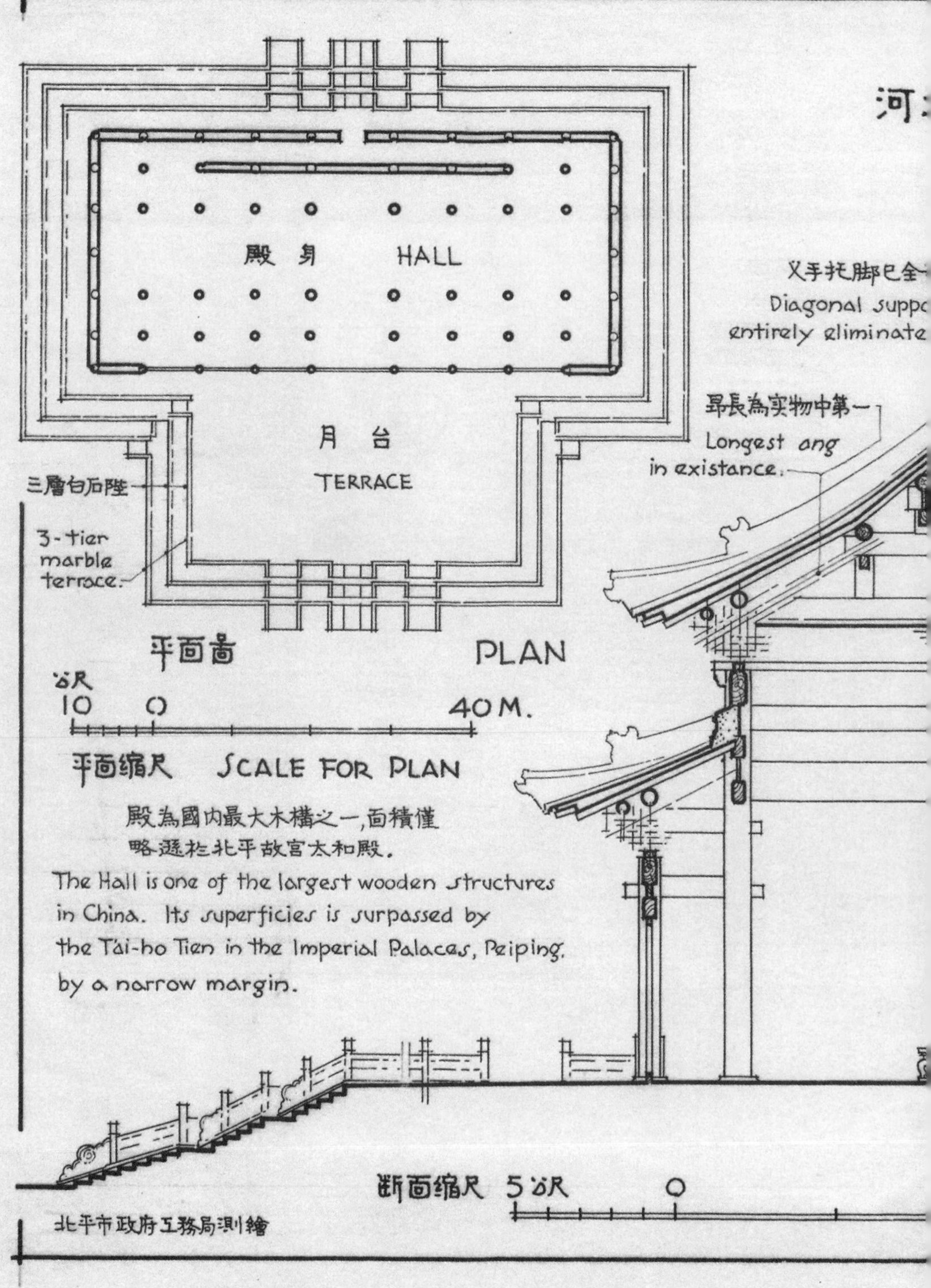
河
殿身 HALL
月台
TERRACE
三層白石陛
3-tier marble terrace.
平面圖 PLAN
公尺
10 0 40M.
平面縮尺 SCALE FOR PLAN
殿為國內最大木構之一，面積僅略遜於北平故宮太和殿。
The Hall is one of the largest wooden structures in China. Its superficies is surpassed by the Tai-ho Tien in the Imperial Palaces, Peiping, by a narrow margin.
叉手托脚已全
Diagonal suppo
entirely eliminate
昂長為實物中第一
Longest ang in existance.
斷面縮尺 5公尺 0
北平市政府工務局測繪

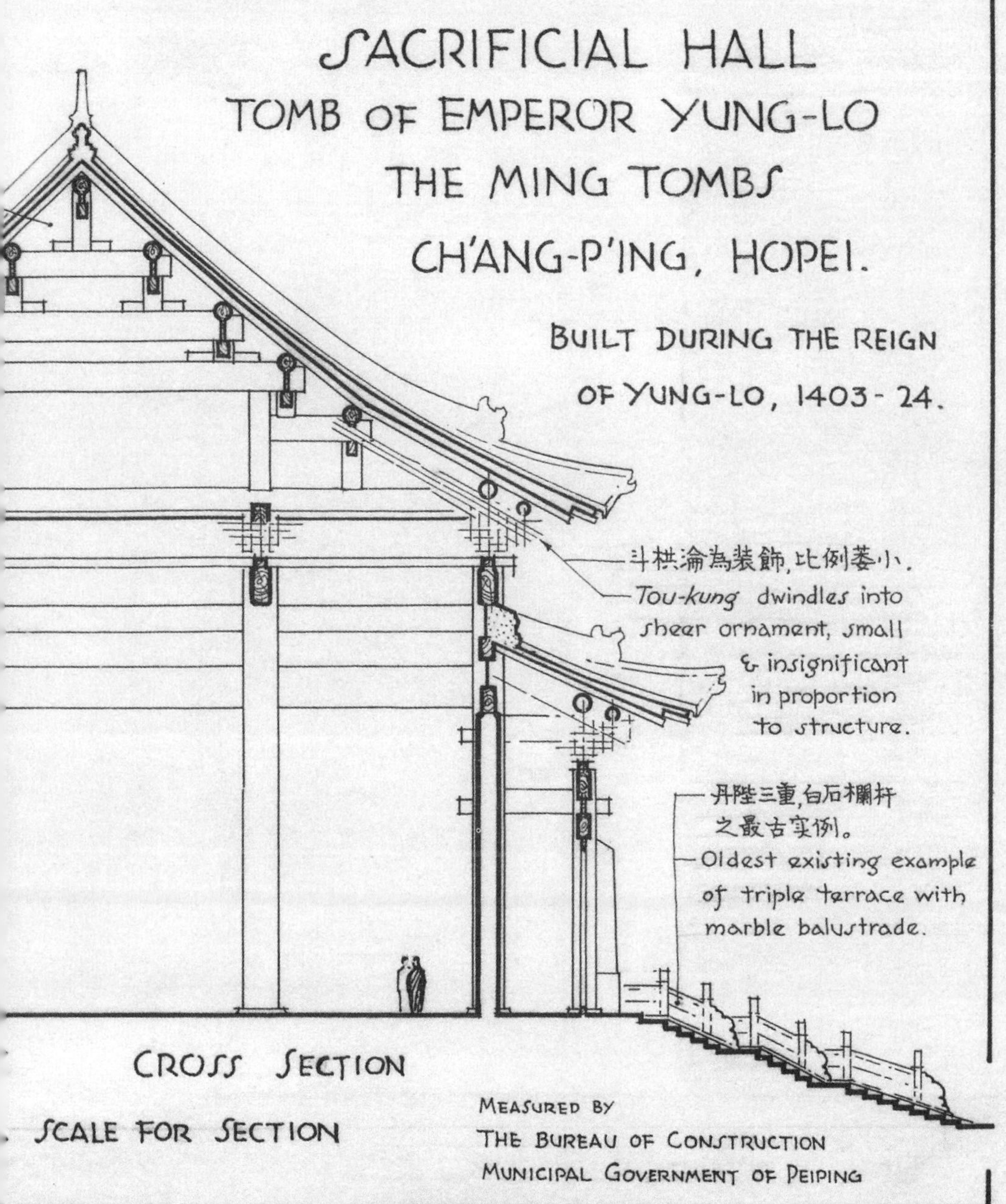
平县 明長陵 祾恩殿 明永樂間建
SACRIFICIAL HALL
TOMB OF EMPEROR YUNG-LO
THE MING TOMBS
CH'ANG-P'ING, HOPEI.
BUILT DURING THE REIGN
OF YUNG-LO, 1403-24.
斗栱淪為裝飾,比例萎小.
Tou-kung dwindles into sheer ornament, small & insignificant in proportion to structure.
丹陛三重,白石欄杆
之最古实例。
Oldest existing example of triple terrace with marble balustrade.
CROSS SECTION
SCALE FOR SECTION
MEASURED BY
THE BUREAU OF CONSTRUCTION
MUNICIPAL GOVERNMENT OF PEIPING

河北昌平县明长陵祾恩殿平面及断面图

清昌陵地宮斷面及平面圖（陵在

自國立北平圖書館藏 樣式房雷氏圖重摹

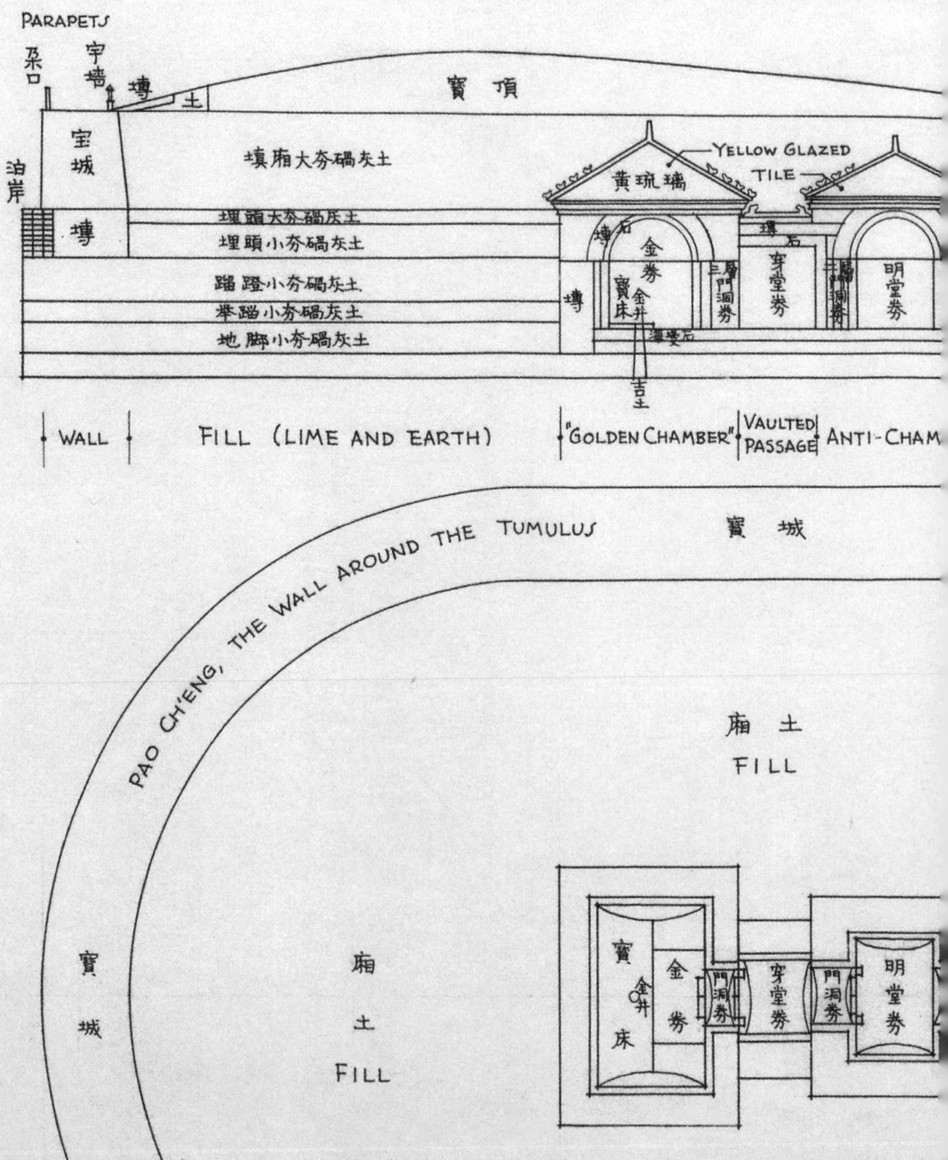

CH'ANG LING, TOMB OF EMPEROR CHIA

PLAN AND SECTION OF SUBTERRANEAN TOMB CHA

BY THE LEI FAMILY, HEREDITARY OFFICIAL ARCHITECTURAL D

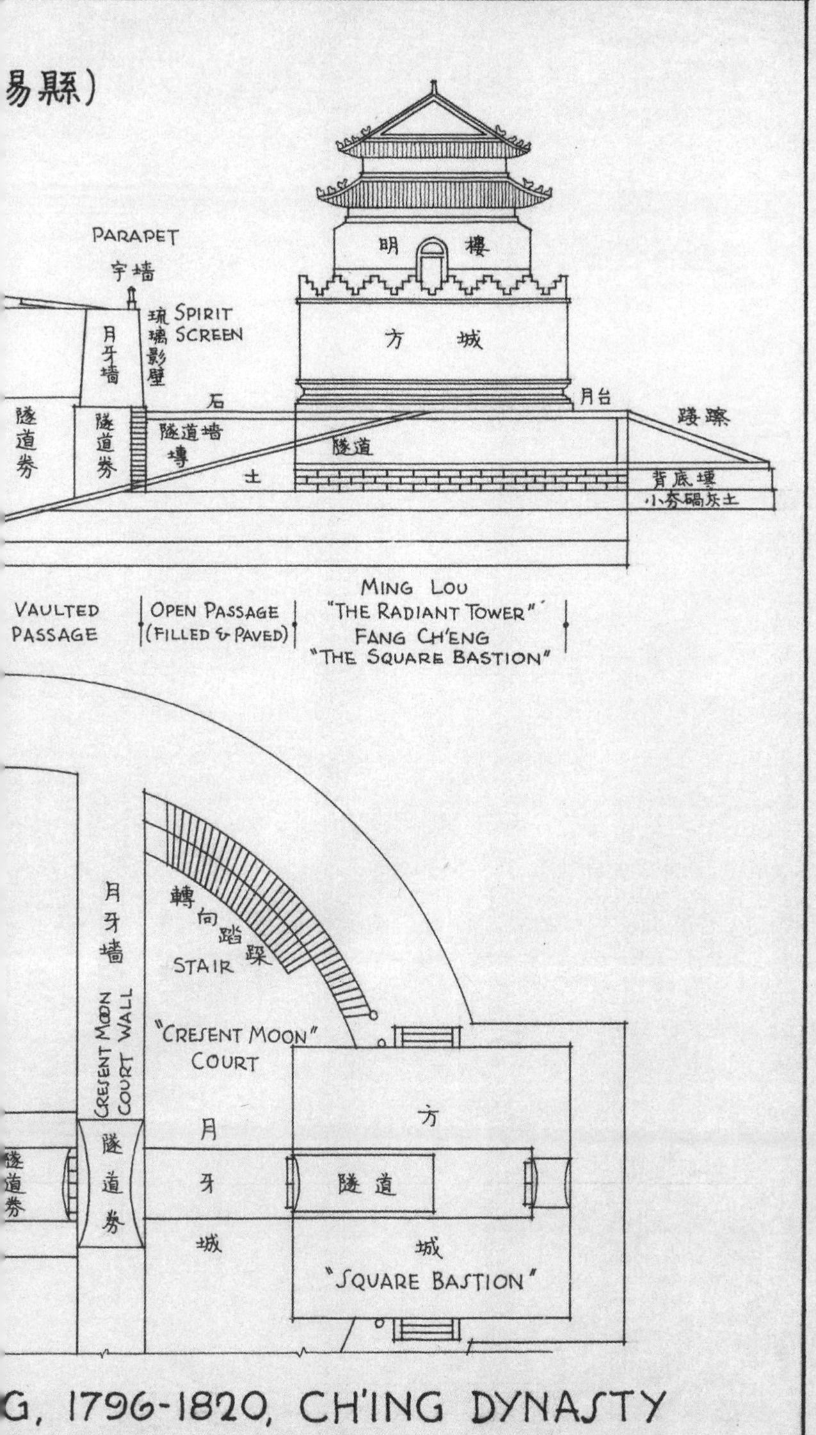

易縣)
PARAPET
宇墻
琉璃影壁 SPIRIT SCREEN
月牙墻
明樓
方城
月台
石
隧道墻
隧道
踏跺
隧道券
土
背底塼
小夯碣灰土
VAULTED PASSAGE
OPEN PASSAGE (FILLED & PAVED)
MING LOU "THE RADIANT TOWER"
FANG CH'ENG "THE SQUARE BASTION"
月牙墻
轉向踏跺
STAIR
CRESENT MOON COURT WALL
"CRESENT MOON" COURT
月牙城
方城
隧道
隧道券
"SQUARE BASTION"
G, 1796-1820, CH'ING DYNASTY
REDRAWN AFTER ORIGINAL DRAWINGS
(COLLECTION, NATIONAL PEIPING LIBRARY).

清昌陵地宫
断面及平面图

河北昌平县明长陵祾恩殿

河北昌平县天寿山南麓，明十三陵所在。长陵为成祖陵，十三陵中规制最宏。关于陵寝当于下文另述，兹先叙长陵祾恩殿木构。陵以成祖永乐十三年（公元 1415 年）完成，殿亦同时物。殿平面广九间，深五间，较之北平清故宫太和殿深度虽稍逊，而广过之，两者面积大致相等，同为国内最大之木构。其外观重檐四阿顶，立于三层白石陛上。下檐斗栱单杪双下昂，上檐双杪双下昂。其下檐斗栱自第二层以上，引伸斜上者六层，实拍相联，缀以三福云伏莲销，已形成明清通行之溜金科。其补间铺作当心间加至八朵之多。上檐斗栱则唯第二层昂及耍头后尾延长，压于下平槫之下；在比例上，其昂尾之长，尚为前所未见也。殿全部木料均为香楠，当心间四内柱特大（径 1.17 公尺[①]），自顶至根，一木构成，为稀有之巨观。殿梁额横断面均狭而高，不若后世之近乎正方形者。殿内藻井当中三间较高，两侧三间较低。殿于民国二十四年（公元 1935 年）经北平市政府修葺。

---

① 1 公尺等于 1 米。

清昌陵地宫

西陵各陵地宫，除泰陵无图可考外，见于雷氏图者，有昌陵（嘉庆）、慕陵（道光）、崇陵（光绪），及后妃陵墓共六处。就中昌陵、崇陵规模最巨。地宫全部为砖石券穹窿构成，共计七重，其最外为隧道券二重，闪当券一重。其次罩门券，则地宫之外门也。罩门之内为明堂。其前后贯以门洞券，地宫之前室也。明堂之后为穿堂，以达金券，地宫之正宫，奉安梓宫之所也。罩门、明堂、穿堂、金券四部之上，均覆以琉璃瓦，吻脊走兽俱全，如普通宫殿形状，其上更覆以灰土。然道光二年（公元 1822 年），上谕停止地宫覆琉璃瓦，故其后不复用焉。东陵之定陵（咸丰）、定东陵（咸丰两后）、惠陵（同治），规模布置亦均如此，当为清陵中最通行之配置；然如光绪崇陵，更将金券前之穿堂扩大为一室，而将明堂前后门洞券加长，使与穿堂埒，则视昌陵似更大矣。

清陵循明旧制，其布置虽大致相同，然亦颇多变化，尤以方城宝城部分为甚。其宝城平面，自半圆形（昭陵），圆形（泰陵），以至短长圆形（景陵、昌陵），以至狭长圆形（孝陵、惠陵、崇陵）均有之。月牙城虽成一主要特征，然亦有例外，如泰东陵、定东陵，均无月牙城。慕陵简陋，仅作宝顶，并宝城方城明楼亦无之。定东陵两后陵左右并列，自下马碑，碑亭以至宝城宝顶，莫不完备；隔壁相衬，视慕东陵之后妃十七宝顶，掬促共处一地，其俭侈悬殊亦甚矣。至于陵之前部，自隆恩门及其外朝房，守护班房，隆恩殿及其配殿，以至琉璃花门，则鲜有增损焉。

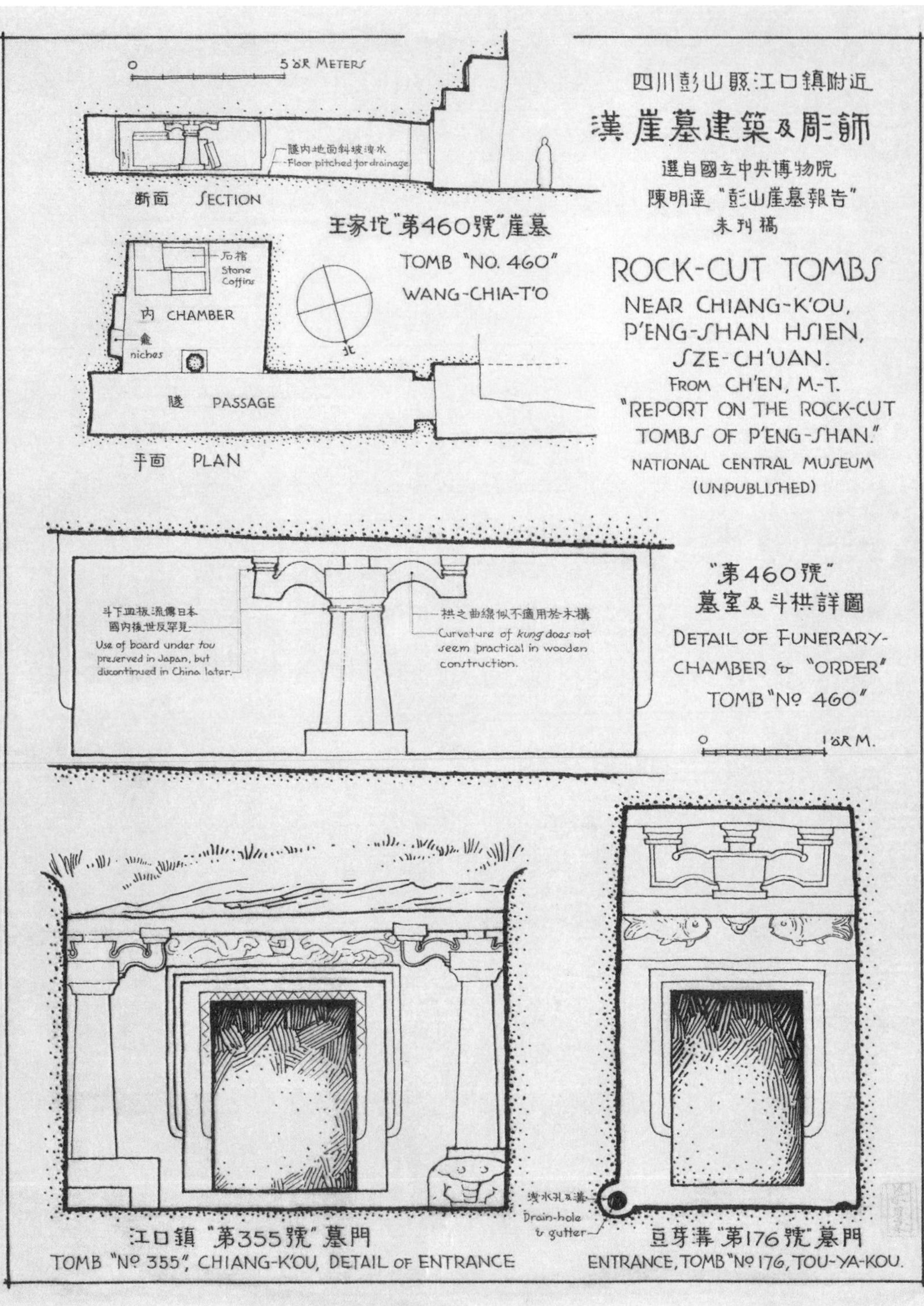

四川彭山县江口镇附近汉崖墓建筑及雕饰

四川彭山县江口镇附近汉崖墓

湖南、四川境内，现均有崖墓遗迹，尤以四川为多。其小者仅容一棺，大者堂、奥相连，雕饰盛巧。乐山县白崖、宜宾黄沙溪诸大墓，多凿祭堂于前，自堂内开二墓道以入，墓室即辟于墓道之侧，其中亦有凿成石棺者。全墓唯祭堂部分刻凿建筑结构形状。堂前面以石柱分为两间或三间，其外檐部分多已风化。堂内壁面隐起枋柱，上刻檐瓦，瓦下间饰禽兽。堂内后壁中央有凿长方形龛，与山东诸石室之有龛者同一形制。祭堂门外壁上亦有雕刻阙及石兽者，盖将墓前各物缩置于一处也。

彭山县江口镇附近崖墓，则均无祭堂。墓道外端为门，门上多刻成叠出如檐者两层；下层刻二兽相向，上层刻硕大之斗栱。门两侧间亦有刻柱及斗栱承枋者，墓道内端两旁有辟作一个或二三个墓室者；有少数墓室内有凿成八角柱，上施斗栱者。柱身肥矮，上端收杀颇巨，其下承以础石。汉代斗栱，及柱之独立施用者，江口崖墓为现存仅有之实例。墓室之内亦多凿石棺，壁上且有凿小龛，灶，或隐出柱枋及窗者。崖墓内地面均内高外低，旁凿水沟，盖泄水为墓葬工程一重要问题也。除实物外，明器及画像石均为研究汉代建筑之重要资料。

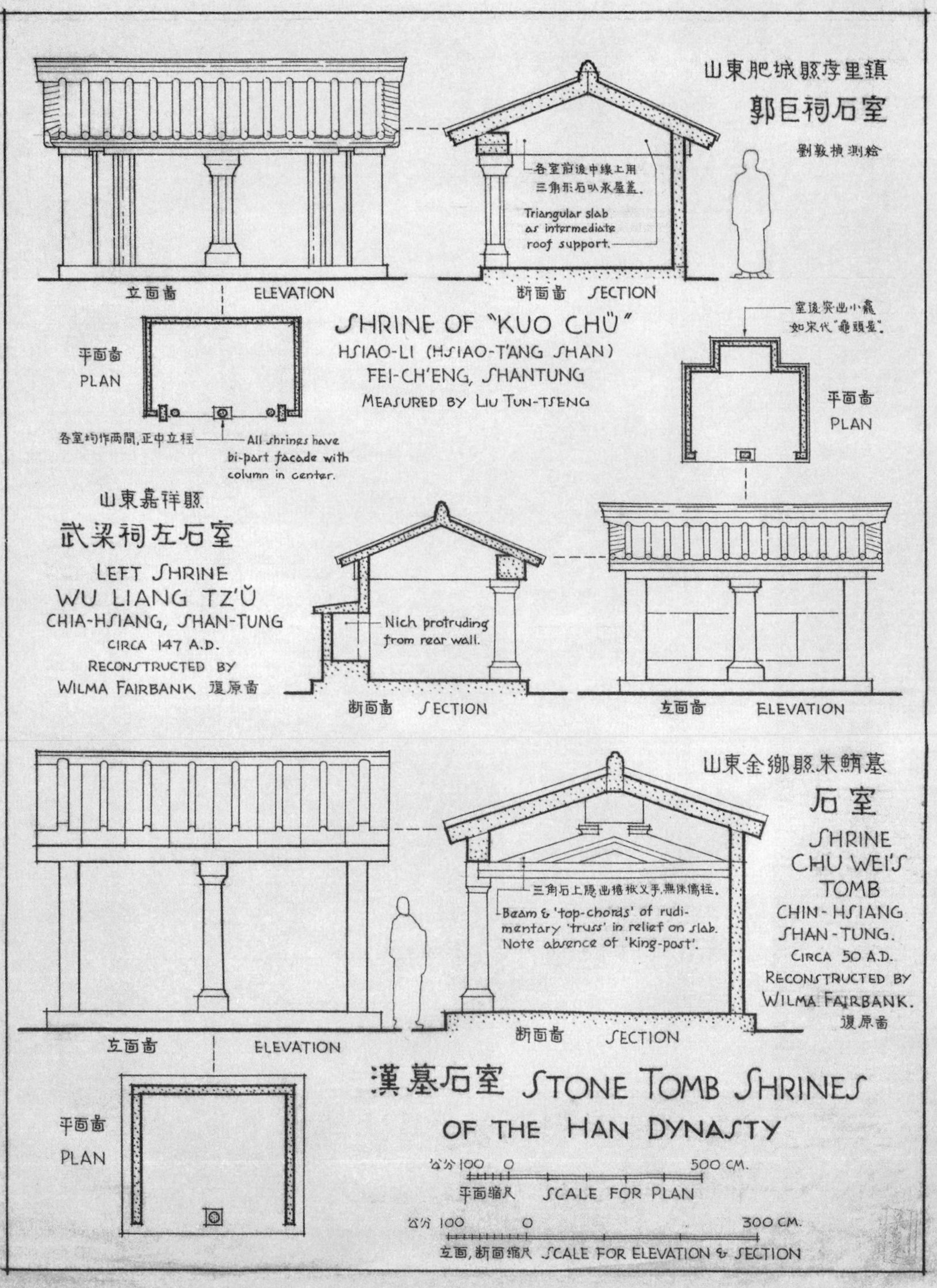

山東肥城縣孝里鎮
郭巨祠石室
劉敦楨測繪
各室前後中線上用三角形石以承屋蓋.
Triangular slab as intermediate roof support.
立面畫 ELEVATION
斷面畫 SECTION
SHRINE OF "KUO CHÜ"
HSIAO-LI (HSIAO-T'ANG SHAN)
FEI-CH'ENG, SHANTUNG
MEASURED BY LIU TUN-TSENG
平面畫 PLAN
各室均作兩間,正中立柱
All shrines have bi-part facade with column in center.
室後突出小龕如宋代"龜頭屋".
平面畫 PLAN
山東嘉祥縣
武梁祠左石室
LEFT SHRINE
WU LIANG TZ'Ŭ
CHIA-HSIANG, SHAN-TUNG
CIRCA 147 A.D.
RECONSTRUCTED BY
WILMA FAIRBANK 復原畫
Nich protruding from rear wall.
斷面畫 SECTION
立面畫 ELEVATION
山東金鄉縣朱鮪墓
石室
SHRINE
CHU WEI'S
TOMB
CHIN-HSIANG
SHAN-TUNG.
CIRCA 50 A.D.
RECONSTRUCTED BY
WILMA FAIRBANK.
復原畫
三角石上隱出椽枋叉手,無侏儒柱.
Beam & 'top-chords' of rudimentary 'truss' in relief on slab. Note absence of 'king-post'.
立面畫 ELEVATION
斷面畫 SECTION
平面畫 PLAN
漢墓石室 STONE TOMB SHRINES
OF THE HAN DYNASTY
公分 100 0 500 CM.
平面縮尺 SCALE FOR PLAN
公分 100 0 300 CM.
立面,斷面縮尺 SCALE FOR ELEVATION & SECTION

汉墓石室

汉墓石室

汉墓石室见于文献者甚多，然完整尚存者，仅山东肥城县孝堂山“郭巨”墓祠一处。石室通常立于坟丘之前。室平面作长方形，后面及两山俱有墙，正面开敞，正中立八角石柱一，分正面为两间。屋顶“不厦两头造”，即清式所称“悬山式”，上施脊，瓦陇、瓦当均由石块上刻成。

著名之“武氏祠画像石”实为石室之毁后散乱者。美国费慰梅（Wilma C.Fairbank）就现存石之拓本，归复原状，不唯藉知各画石之原位置及室内壁面画像之图案，且得以推知石室之结构及原形与“郭巨洞”相同，正面中间立一柱，且有后部另有小龛突出如后世所谓龟头者。

第十章

杂类

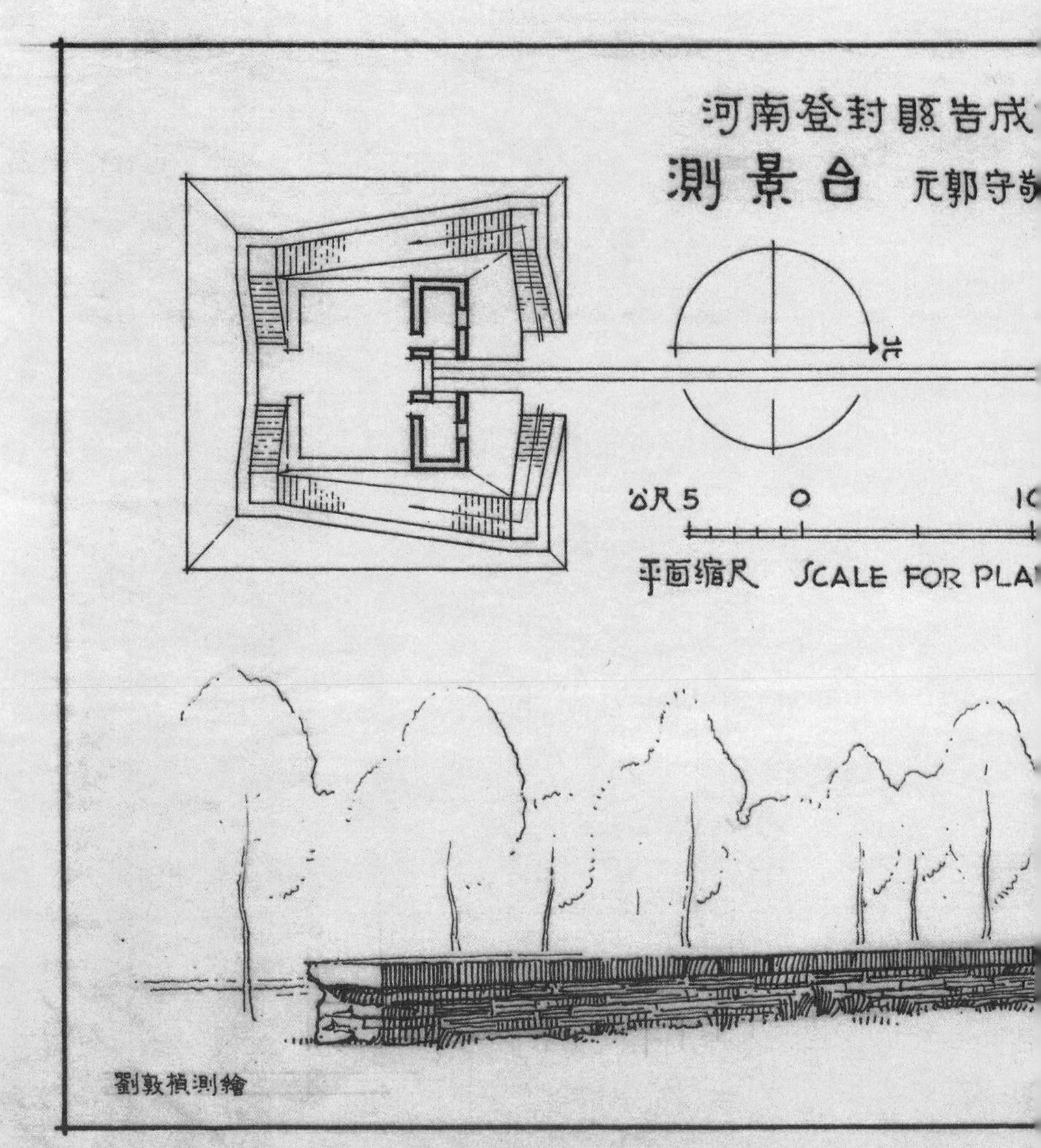
河南登封縣告成
測景台 元郭守敬
北
公尺5 0 10
平面縮尺 SCALE FOR PLA
劉敦楨測繪

CH'ÊH-CHING T'AI, KAO-CH'ENG CHEN,
TENG-FENG, HONAN

AN OBSERVATORY OF THE YUAN DYNASTY

CIRCA 1300 A.D

河南登封县告成镇测景台

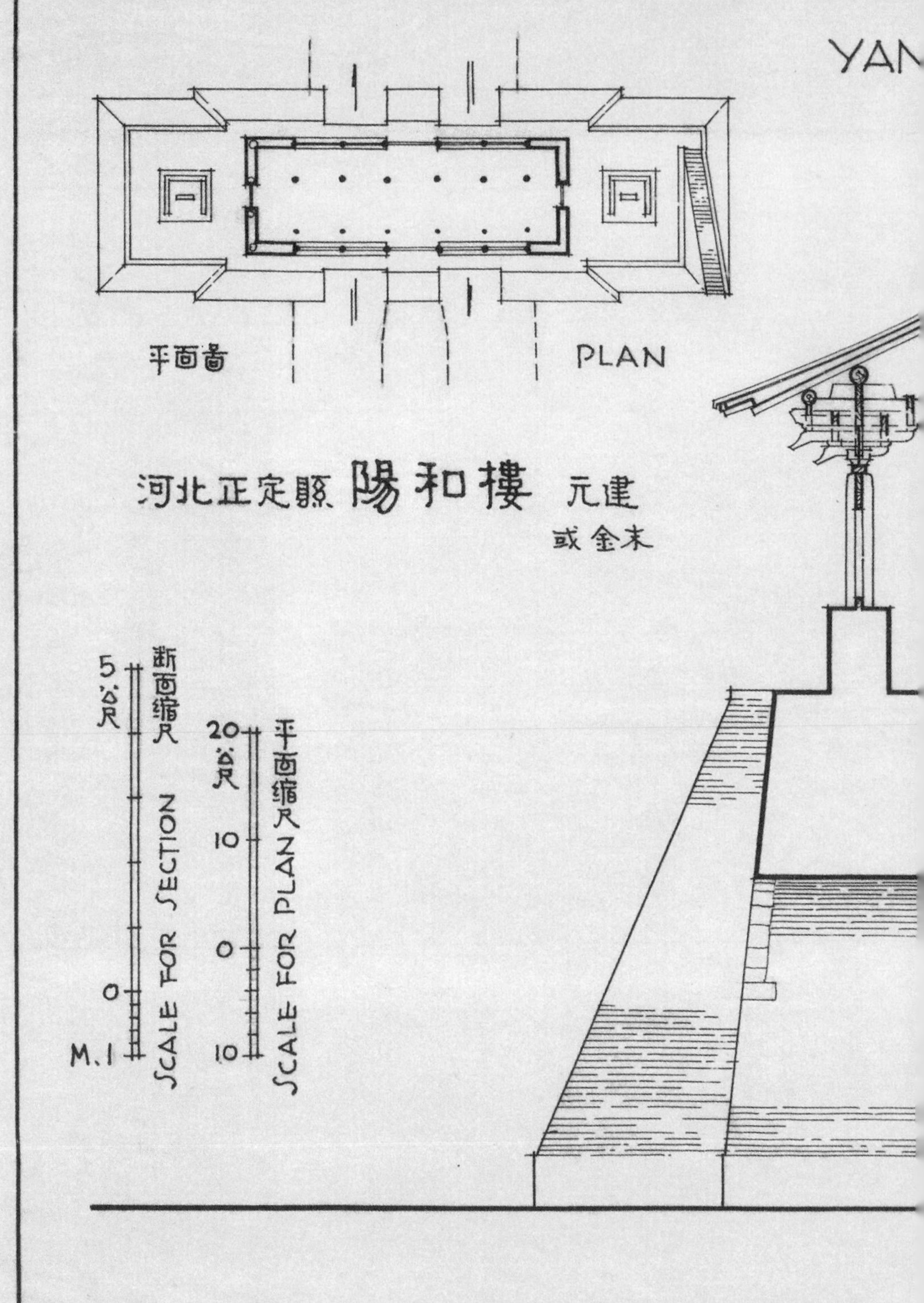
YAN
平面圖
PLAN
河北正定縣 陽和樓 元建
或金末
5 公尺
斷面縮尺
20 公尺
平面縮尺
10
0
M.1
10
SCALE FOR SECTION
SCALE FOR PLAN

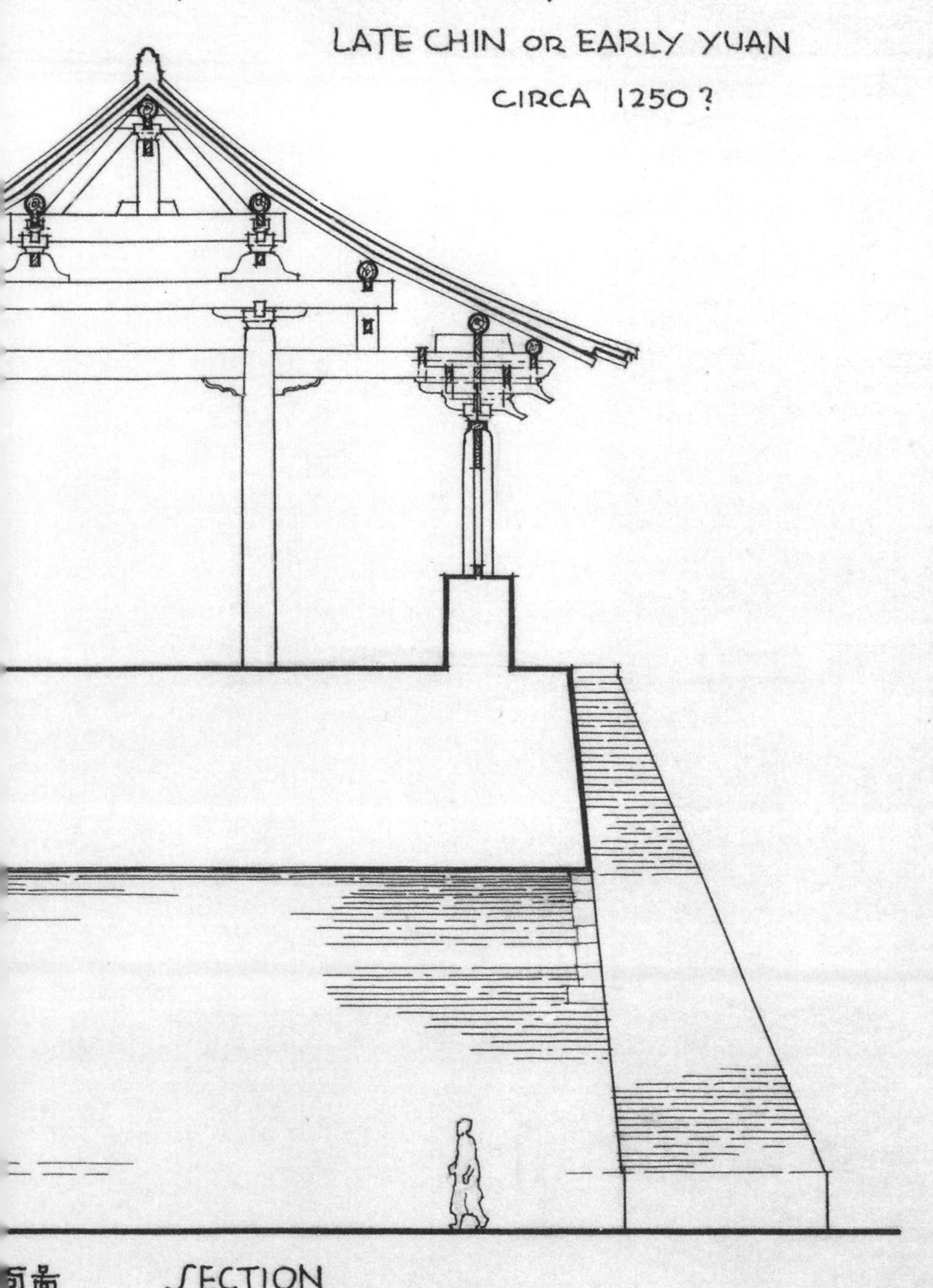

河北正定县阳和楼平面及剖面图

河南登封县告成镇测景台

河南登封县告成镇周公庙有观星台及测景台，前者唐建，仅小石台，上立石柱。后者为崇伟砖台，元郭守敬所建，所以表以测冬夏至日影之长短者，我国现存最古之天文台也。台平面作正方形，北面为直漕以表，在地与表成正角者为圭，圭面为水渠以取平。圭长一百二十八尺，表高四十尺（元尺），其制见《元史 · 天文志》。台自北面近中作踏道分左右簇拥而上，至为雄壮。台上小屋为后世所加。

河北正定县阳和楼

在河北正定县城中央，下为重台，上建屋七间；砖台下开两券门如城门。楼屋平面广七间，深三间，比例狭长。其柱头间阑额刻作假月梁形，为罕见之例。其角柱上普拍枋出头角上刻一入瓣，为元代最常见作风。角柱生起尤为显著。内部梁架当心间、次间、梢间三缝各不同，颇为巧妙，两际结构更条理井然。斗栱双下昂单栱计心，其柱头铺作实际上为昂嘴华栱两跳。梁栿外端出为蚂蚱头，已兆见明、清挑尖梁头之滥觞，其补间铺作第一跳亦为假昂，但第二层昂斜上，后尾挑起，仍保持其杠杆作用。至于华栱后尾施横栱，宋代仅见于《营造法式》，但实物则金、元以后始见盛行。楼准确年代无考，元至正十七年（公元 1357 年）曾经重修，想当为金末元初（约公元 1250—1290 年间）所建。

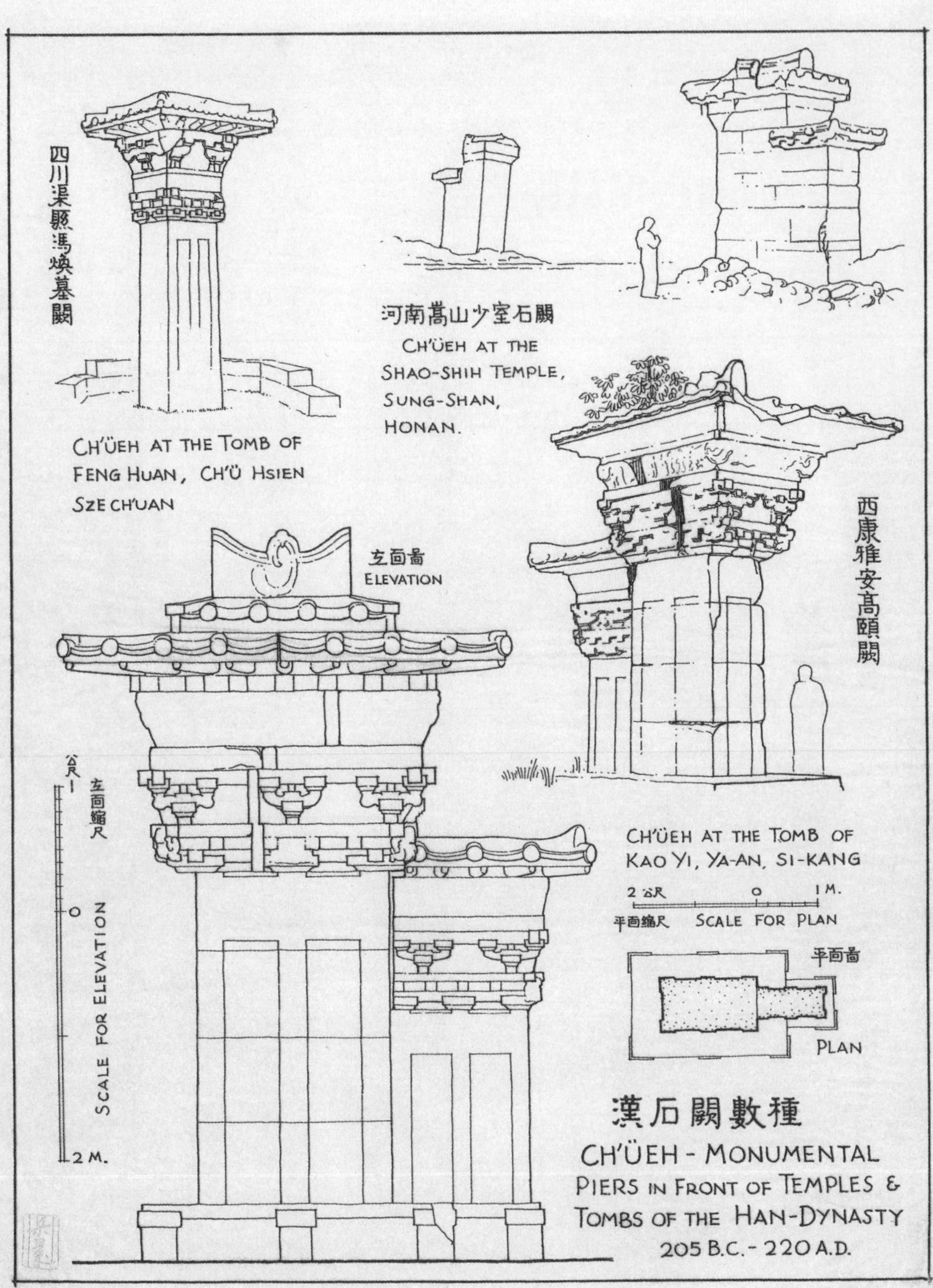
四川渠縣馮煥墓闕
CH'ÜEH AT THE TOMB OF
FENG HUAN, CH'Ü HSIEN
SZE CH'UAN
河南嵩山少室石闕
CH'ÜEH AT THE
SHAO-SHIH TEMPLE,
SUNG-SHAN,
HONAN.
西康雅安高頤闕
CH'ÜEH AT THE TOMB OF
KAO YI, YA-AN, SI-KANG
立面圖
ELEVATION
公尺 1
立面縮尺
0
SCALE FOR ELEVATION
2 M.
2 公尺
0
1 M.
平面縮尺
SCALE FOR PLAN
平面圖
PLAN
漢石闕數種
CH'ÜEH - MONUMENTAL
PIERS IN FRONT OF TEMPLES &
TOMBS OF THE HAN-DYNASTY
205 B.C. - 220 A.D.

汉石阙数种

汉石阙数种

汉宫殿“祠庙”陵墓门外两侧多立双阙，或木构或石砌；木阙现已无存，石阙则实例颇多，均为后汉物。阙身形制略如碑而略厚，上覆以檐；其附有子阙者，则有较低较小之阙，另具檐瓦，倚于主阙之侧。檐下有刻作斗栱、枋额，模仿木构形状者，有不作斗栱，仅用上大下小之石块承檐者。武氏祠阙（公元 147 年）及河南嵩山太室（公元 118 年）、少室、启母三庙阙均有子阙而无斗栱。阙身画像如石室画像石。四川、西康诸阙均刻斗栱木构形；其有子阙者仅雅安高颐阙及绵阳平阳府君阙；其余梓潼诸残阙及渠县沈府君阙、冯焕阙及数无铭阙并江北县无铭阙，均无子阙。其雕饰方法，一部平钑如武氏祠石，而主要雕饰皆剔地起突四神及力神，生动强劲，技术极为成熟。意者平钑代表彩画，起突即浮雕装饰也。

A TEMPLE HALL OF THE T'ANG

AFTER A RUBBING OF THE ENGRAVING ON THE TYMPANIUM

GATEWAY OF TA-YEN T'A, TZ'U-EN SSŬ,

唐代佛殿圖　摹自陝西長安大雁塔西門門楣

大雁塔门楣石画刻唐代佛殿图

大雁塔门楣石画刻

大雁塔门楣石画刻　塔初层西门券内半圆形楣石刻释迦说法图，画佛殿五间，立于阶基之上，翼以回廊。其阶基、踏步作东、西阶；斗栱为双杪，补间铺作用人字形斗栱，檐缘瓦吻描画均极忠实。为研究唐代建筑极重要文献。

慈恩寺大雁塔　在今西安城南八里，唐时则长安城中之进昌坊也。今寺中唯一之唐代建筑，厥唯大雁塔。现存塔为武后长安中（公元701—704年）所重建，宋、明、清、民国以来，历次重修。平面正方形。第一层方约25米余，塔七级，高约60米，立于方约45米余、高约4米余之台基之上。塔身壁面以砖砌为瘦长之扁柱及阑额；下四层分作七间，上三层五间，柱上施大斗一个，无补间铺作。每层正中辟圆券门。此塔与玄奘塔及香积寺塔同属一型，盖所谓“东夏刹表旧式”，即模仿木构形状者也。塔内室亦方形，初层方约6.80米。各层以木构成楼板，升降亦以木扶梯，盖六朝、隋、唐塔内结构之常法也。塔第一层西面门楣石所刻佛殿图，为研究唐代木建筑之重要资料。

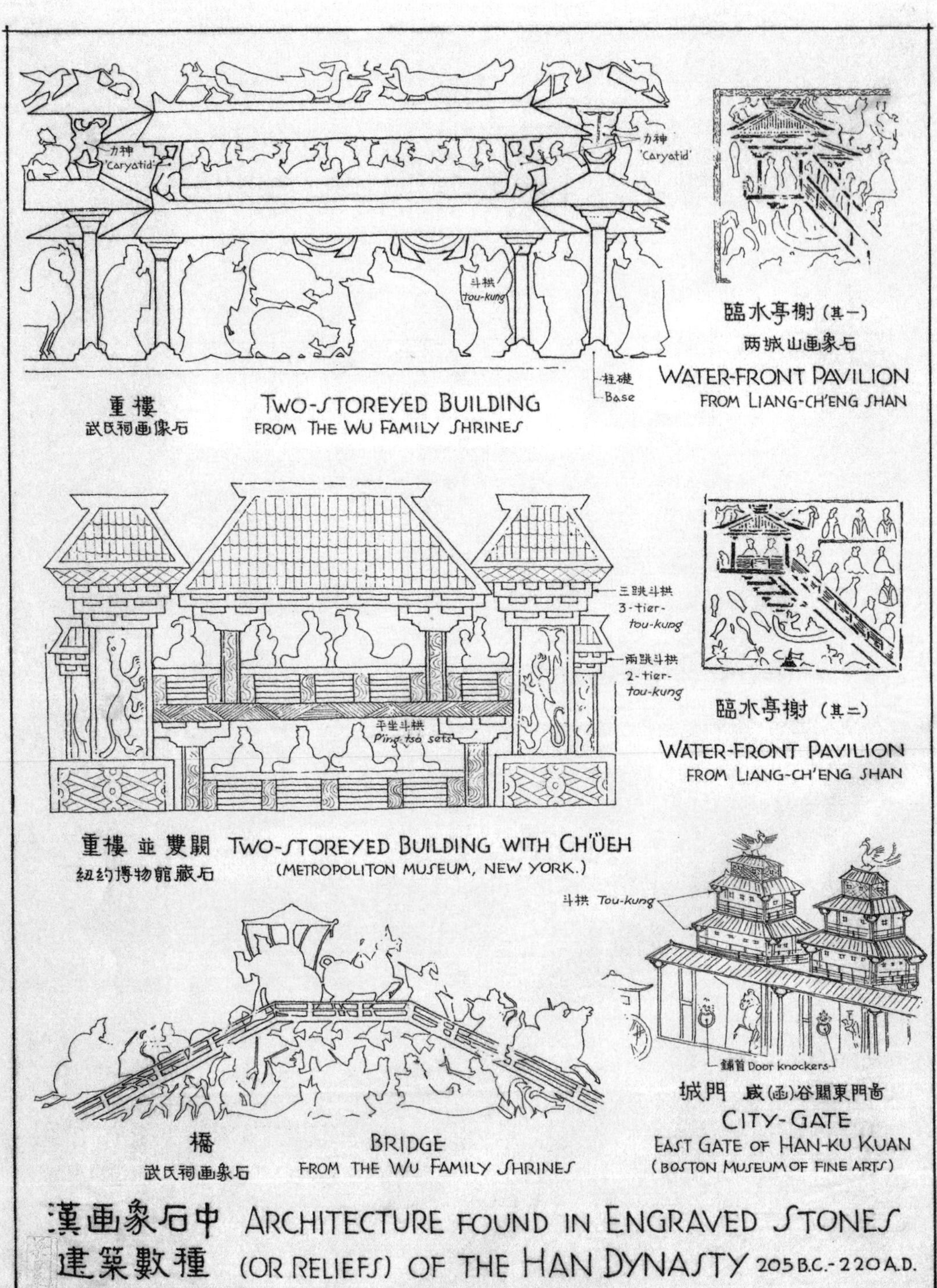
力神
'Caryatid'
力神
'Caryatid'
斗拱
tou-kung
柱礎
Base
重樓
武氏祠画像石
TWO-STOREYED BUILDING
FROM THE WU FAMILY SHRINES
臨水亭榭 (其一)
两城山画象石
WATER-FRONT PAVILION
FROM LIANG-CH'ENG SHAN
三跳斗拱
3-tier-tou-kung
兩跳斗拱
2-tier-tou-kung
平坐斗拱
P'ing-tso sets
臨水亭榭 (其二)
WATER-FRONT PAVILION
FROM LIANG-CH'ENG SHAN
重樓並雙闕
紐約博物館藏石
TWO-STOREYED BUILDING WITH CH'ÜEH
(METROPOLITON MUSEUM, NEW YORK.)
斗拱 Tou-kung
鋪首 Door knockers
城門 咸(函)谷關東門畫
CITY-GATE
EAST GATE OF HAN-KU KUAN
(BOSTON MUSEUM OF FINE ARTS)
橋
武氏祠画象石
BRIDGE
FROM THE WU FAMILY SHRINES
漢画象石中建築數種
ARCHITECTURE FOUND IN ENGRAVED STONES (OR RELIEFS) OF THE HAN DYNASTY 205 B.C.-220 A.D.

汉画像石中建筑数种

汉画像石

画像石中所见建筑，有厅堂、亭、楼、门楼、阙、桥等。其中泰半为极端程式化之图案，然而阶基、柱、枋、斗栱、栏杆、扶梯、门、窗、瓦饰等，亦均描画无遗，且可略见当时生活状况。波士顿美术博物馆所藏函谷关东门画像石，画式样相同之四层木构建筑两座并列，楼下为双扇门，上以斗栱承檐，二三层壁上均开小方窗，周以走廊，以斗栱承檐。第四层无廊，上覆四阿顶，脊上饰以凤凰。其所予人对于当时建筑之印象，实数明器及其他画像石均忠实准确也。

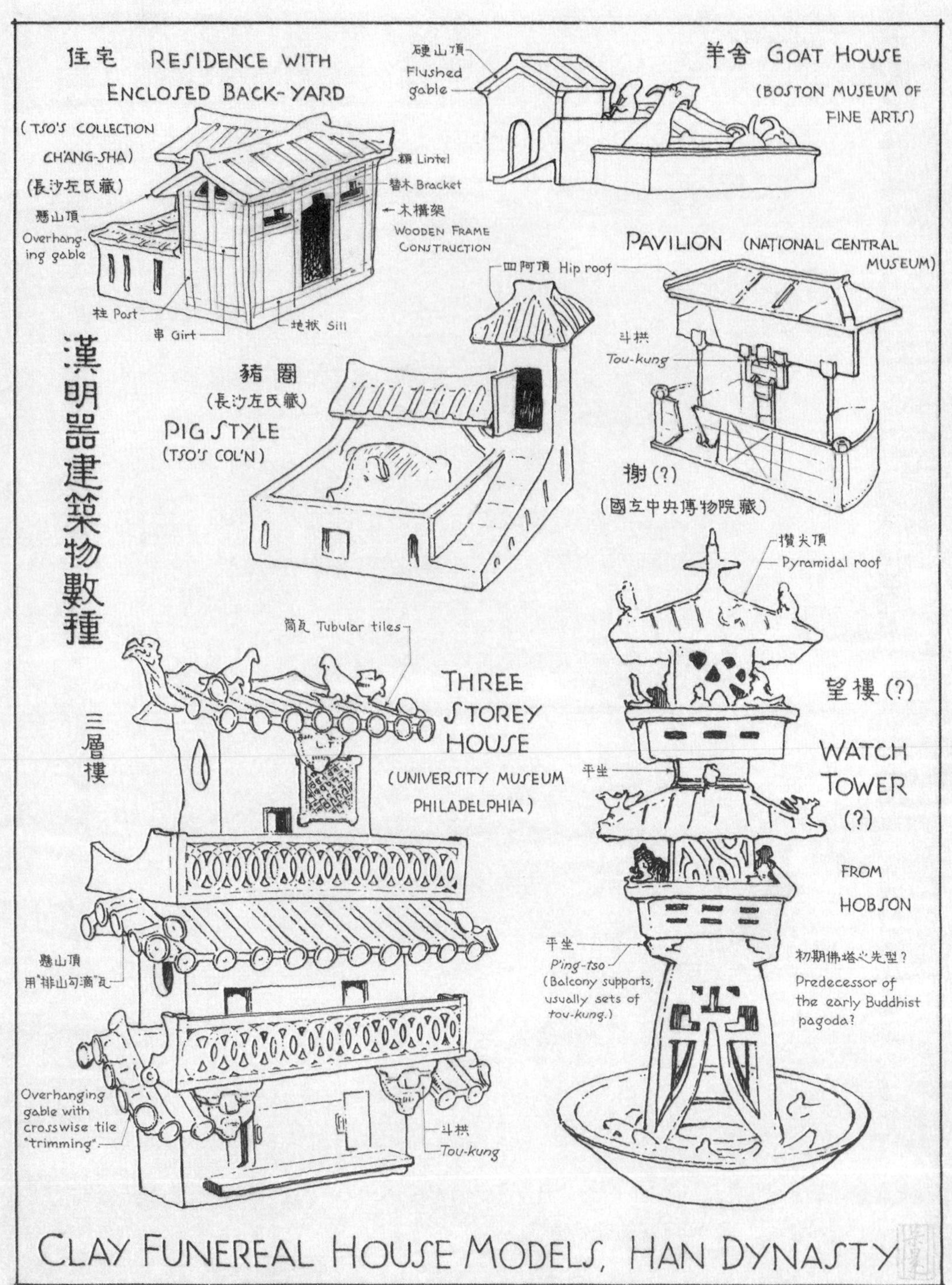

住宅 RESIDENCE WITH ENCLOSED BACK-YARD
(TSO'S COLLECTION CH'ANG-SHA)
(長沙左氏藏)
懸山頂
Overhanging gable
額 Lintel
替木 Bracket
木構架
WOODEN FRAME CONSTRUCTION
柱 Post
串 Girt
地栿 Sill
硬山頂
Flushed gable
羊舍 GOAT HOUSE
(BOSTON MUSEUM OF FINE ARTS)
PAVILION (NATIONAL CENTRAL MUSEUM)
四阿頂 Hip roof
斗栱
Tou-kung
榭(?)
(國立中央博物院藏)
漢明器建築物數種
豬圈
(長沙左氏藏)
PIG STYLE
(TSO'S COL'N)
攢尖頂
Pyramidal roof
筒瓦 Tubular tiles
三層樓
THREE STOREY HOUSE
(UNIVERSITY MUSEUM PHILADELPHIA)
望樓(?)
WATCH TOWER (?)
FROM HOBSON
平坐
懸山頂
用"排山勾滴"瓦
平坐
P'ing-tso
(Balcony supports, usually sets of tou-kung.)
初期佛塔之先型?
Predecessor of the early Buddhist pagoda?
Overhanging gable with crosswise tile "trimming".
斗栱
Tou-kung
CLAY FUNEREAL HOUSE MODELS, HAN DYNASTY

汉明器建筑物数种

汉明器

明器为殉葬之物，其中建筑模型极为常见，如住宅、楼阁、望楼、仓囷、羊舍、猪圈之类，均极普通，近年为欧美博物馆收集者颇多，明器住宅多作单层，简单者仅屋一座，平面长方形，前面辟门，或居中或偏于左右；门侧或门上或山墙上辟窗，或方或圆或横列，或饰以菱形窗棂。屋顶多“不厦两头造”。亦有平面作曲尺形而将其余二面绕以围墙者。

二三层之楼阁模型多有斗栱以支承各层平坐或檐者。观其斗栱、栏楯、门窗、瓦式等部分，已可确考当时之建筑，已备具后世所有之各部。二层或三层之望楼，殆即望候神人之“台”，其平面均正方形，各层有檐有平坐，魏、晋以后木塔，乃由此式多层建筑蜕变而成，殆无疑义。

羊舍有将牧童屋与羊屋并列，其他三面围之以墙者。其屋皆如清式所谓硬山顶，羊屋低而大，人屋较高。猪圈四周绕以墙，置厕于一隅，较高起，北方乡间，至今尚见此法焉。

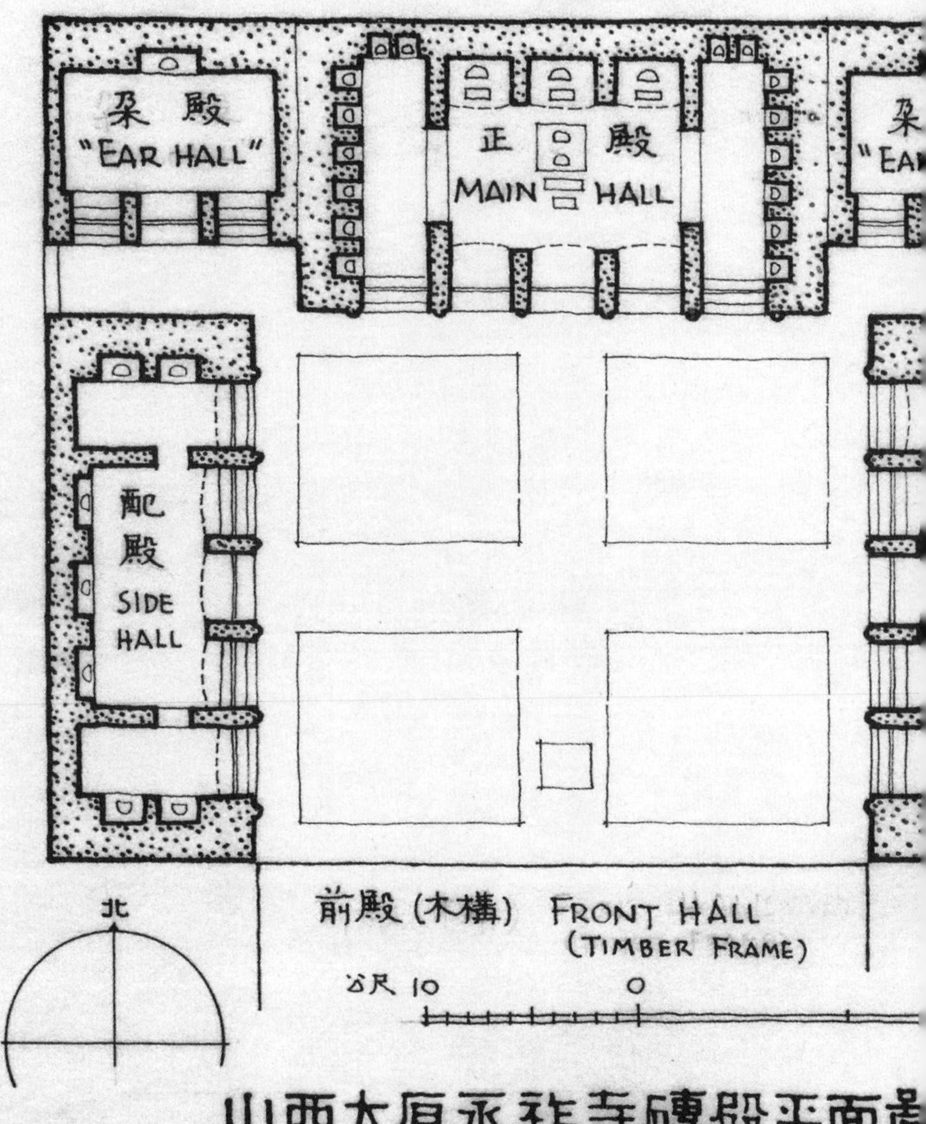

山西太原永祚寺磚殿平面

YUNG-CHAO SSU, T'AI-YUAN, SHANSI, PLAN

VAULTED HALLS, 明萬曆二十五年建, A.D. 159

山西太原永祚寺砖殿

山西太原永祚寺俗呼“双塔寺”。志称寺塔均建于明万历二十五年（公元 1597 年）。其双塔及大雄宝殿均为建筑史研究中之有趣实例。

大雄宝殿及其东西配殿全部以砖砌成，其结构法为明中叶以后新兴之样式。殿平面长方形，下层表面显五间，每间为一券，而实际则为纵横三券并列而成。其中部三间，实为一纵列之大券筒，其中轴线与殿之表面平行，而表面所见之三券乃与大券正角穿交之三小券也。至于两梢间则为与大券成正角之小券洞，由前达后。上层仅三间，深广均逊于下层，其当心间为正方形穹窿，两梢间则为两横券。殿之外表以砖砌出柱额斗栱椽檐全部模仿木构，至为忠实，唯因材料关系，出檐略短促。正殿两侧配殿，单层五间，其结构与外观均与正殿同取一法者也。

山西太原永祚寺砖殿平面图

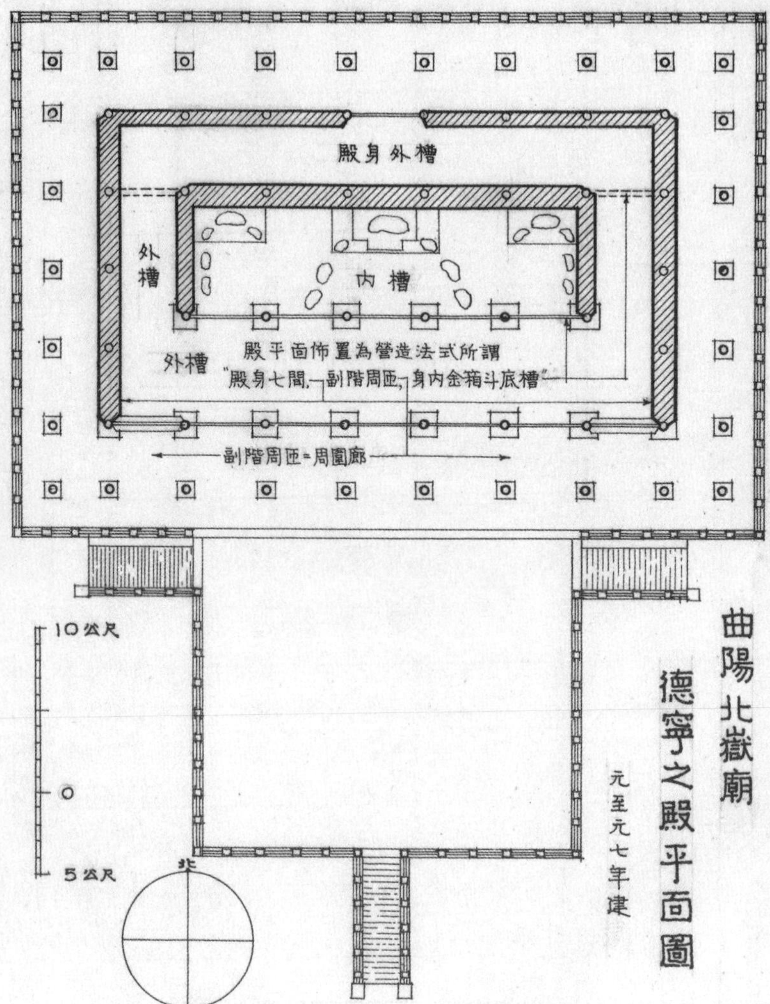

殿身外槽
外槽
内槽
外槽
殿平面佈置為營造法式所謂
"殿身七間，副階周匝，身内金箱斗底槽"
副階周匝＝周圍廊
10公尺
0
5公尺
北
曲陽北嶽廟
德寧之殿平面圖
元至元七年建
PLAN OF MAIN HALL · PEI-YUEH MIAO
CH'Ü-YANG · HOPEI · 1270

曲阳北岳庙德宁殿平面图

曲阳北岳庙德宁殿

北岳庙在河北省曲阳县城内，自唐迄明遥祭北岳之所。清初改为北岳祭典于山西浑源州，此庙遂归废弃。庙址一部荡为民居，仅德宁殿保存稍佳。殿建于高台上，重檐四阿顶。殿身平面广七间，深四间，周以回廊，故成广九间深六间状。与《营造法式》卷三十一：“殿身七间，副阶周匝……身内金箱斗底槽。”殿下檐斗栱，重昂重栱造，第一层假昂，其上华头子则为长材，与第二层昂后尾斜挑达槫下，上檐斗栱单杪重昂，昂亦为昂嘴形华栱，与苏州三清殿上檐斗栱做法相同。其后尾第二第三两跳，重叠三分头与菊花头，尤为奇特。殿于宋淳化二年（公元991年）及元至元七年（公元1270年），两度重建，现存殿宇，盖为元代遗物。殿壁壁画尚存一部，似元人手笔。

正面立面 FRONT ELEVATION

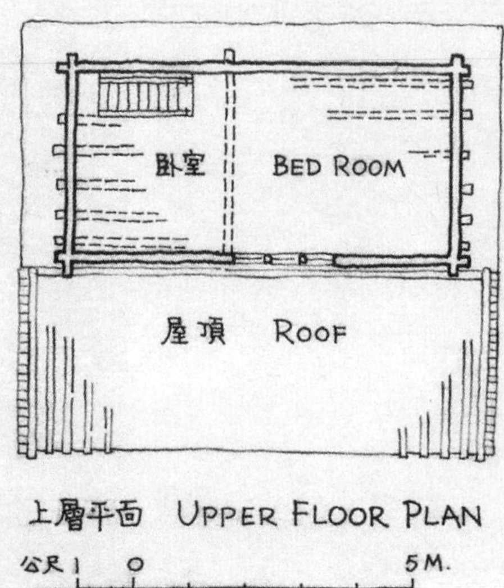

上層平面 UPPER FLOOR PLAN

公尺 1 0 5M.

平面縮尺 SCALE FOR PLANS

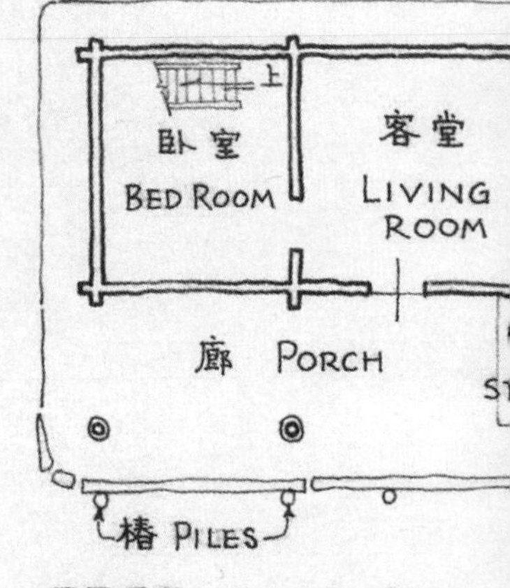

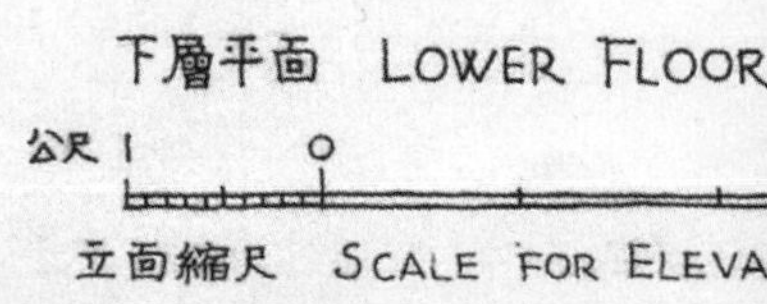

下層平面 LOWER FLOOR

公尺 1 0

立面縮尺

LOG CABIN, MA-AN SHAN, CHEN-NAN HSIE

MEASURED BY LIU T.T.

側面立面　SIDE ELEVATION

RES

雲南 鎮南縣 馬鞍山

NNAN　井榦構民居

劉敦楨 測繪

云南井干构民居

云南井干构民居

云南地高爽，虽远处南疆，气候四季如春，故其建筑乃兼有南北之风。其平面布置近于江南形式，然各房配合多使成正方形，称“一颗印”，为滇省建筑显著特征。其平面虽如此拘束，但因楼居甚多，故正房厢房间，因高低大小之不齐，遂构成富有画意之堆积体。

在结构方面，仍用构架法，其墙壁多用砖甃。因天清气朗，宜于彩色之炫耀，故彩画甚盛；其墙壁颜色亦作土黄色。至于滇西大理、丽江一带，石产便宜，故民居以石建筑者亦多。山林区中井干式木构屋，与北欧及美洲之 Logcabin 酷似，然以屋顶及门窗之不同，仍一望而知为中国建筑也。